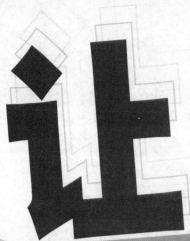

让你的网页更像样儿

史文崇 编著

中国农业科学技术出版社

图书在版编目（CIP）数据

让你的网页更像样儿／史文崇编著．—北京：中国农业科学技术出版社，2012.3
　ISBN 978-7-5116-0773-7

Ⅰ.①让… Ⅱ.①史… Ⅲ.①网页制作工具 Ⅳ.①TP393.092

中国版本图书馆 CIP 数据核字（2011）第 267384 号

责任编辑	闫庆健　樊景超
责任校对	贾晓红　范　潇
出 版 者	中国农业科学技术出版社 北京市中关村南大街 12 号　邮编：100081
电　　话	（010）82106632（编辑室）（010）82109704（发行部） （010）82109709（读者服务部）
传　　真	（010）82106624
网　　址	http://www.castp.cn
经 销 者	各地新华书店
印 刷 者	北京昌联印刷有限公司
开　　本	787 mm×1092 mm　1/16
印　　张	10.75
字　　数	200 千字
版　　次	2012 年 3 月第 1 版　2012 年 3 月第 1 次印刷
定　　价	20.00 元

版权所有·翻印必究

内容提要

本书从网站开发理念、网站规划、色彩搭配、图片应用、网页布局、导航设计、鼠标特效、页面切换、网页风格、设计规范等多个角度介绍了使网页更美观、更实用、更具特色的一些技巧。内容涉及 Dreamweaver、Frontpage、Fireworks、Photoshop、Flash 等多个软件和 HTML、Javascript、VBscript、CSS、ASP 等多项技术。对于丰富网页技术、艺术、文化内涵，最大限度地吸引用户，获得其社会价值和经济价值，具有重要意义。

本书可作为具有初步网页设计知识的读者的网页设计参考书，尤其适合大中专院校相关专业的学生和网页设计爱好者选用。也可作教学参考书。

作者简介

史文崇，男，1965年生，原籍河北省石家庄。1986年毕业于中国矿业大学。河北科技师范学院副教授，硕士，中国计算机学会会员。2000年春于中国科学院计算技术研究所进修网站开发与图像处理技术，此后多年来一直从事网页设计有关教学和科研工作，曾教授"网页三剑客"等多个相关软件的多个版本，熟悉各软件的性能和技术特点，能够根据设计需要科学选择、合理取舍，发挥各软件的技术优势。著有教材·《Dreamweaver网页设计实用教程》《Visual FoxPro实用案例教程》和多篇论文，编写此书是作者多年的夙愿。

阅读提示

当充分品味了一批网页设计大师的作品后，我感到以前一度十分看好的一些网页原来还是不十分"像样儿"——有诸多需要完善之处。一些网页设计者之所以不能做出"像样儿"的网页，除了技术不精之外，还有理念不当、素养不足等许多原因。编写此书，给一些网页设计爱好者更多的启示以抛砖引玉，是我多年的心愿。

本书不是扫盲或培训教材，它是为具有一定网页制作知识和技术的读者编写的。读者只有至少系统学习过网页设计的一个软件（如 Dreamweaver），了解一些 HTML 和 Javascript 知识后才能读懂这本书。

本书共分十三讲。每一讲通常由以下几部分组成。

- 点石成金——提出像样儿网页设计的若干重要理念；
- 经验与忠告——给出作者的相关经验、教训和体会；
- 技术补习——扼要讲授做"像样儿"网页时读者必须掌握而普通教材和培训书籍未曾介绍的相关知识和技术；
- 瞧瞧人家——给出一些典型实例，并进行技术剖析；
- 推荐资源——列出一些网上资源，供读者学习参考。

其中，重点内容是"技术补习"和"瞧瞧人家"两部分。

本书各讲具有较好的独立性。你可以按页码逐页依次去读，也可以从任何一讲开始——但最好先读一下本提示和第一讲，以便对本书的编写体例有所了解。

本书形式新颖、语言通俗，技术上画龙点睛，编辑、浏览界面都以屏幕截图方式给出，展示了俄罗斯、韩国、新加坡、日本等许多网页设计大师的精美的作品。许多章节还给出了简洁实用的 HTML 或 Javascript 代码。是学术、技术和艺术的高度统一。

感谢你独具慧眼选择了本书，相信它物有所值。

作者愿与读者交朋友。如果您有较好的学术见解或想得到作者某种技术帮助，请发送电子邮件到 mr_ shi_ pb@126.com。

目 录

第一讲 总的说说 ································ (1)
    点石成金 ································ (1)
    经验与忠告 ································ (2)
    技术补习 ································ (4)
    推荐资源 ································ (9)

第二讲 让人记住你的网页 ································ (11)
    点石成金 ································ (11)
    经验与忠告 ································ (12)
    技术补习 ································ (12)
    推荐资源 ································ (19)

第三讲 让布局更讲究 ································ (21)
    点石成金 ································ (21)
    经验与忠告 ································ (22)
    技术补习 ································ (23)
    推荐资源 ································ (37)

第四讲 让色彩更和谐 ································ (38)
    点石成金 ································ (39)
    经验与忠告 ································ (39)
    技术补习 ································ (40)
    推荐资源 ································ (48)

第五讲 让图片更实用 ································ (50)
    点石成金 ································ (50)
    经验与忠告 ································ (51)
    技术补习 ································ (52)
    推荐资源 ································ (59)

让你的网页更像样儿

第六讲 让文字更耐看	(61)
点石成金	(62)
经验与忠告	(62)
技术补习	(63)
推荐资源	(75)

第七讲 有个像样儿的导航栏	(76)
点石成金	(76)
经验与忠告	(77)
技术补习	(78)
推荐资源	(91)

第八讲 为页面切换加点儿效果	(93)
点石成金	(93)
经验与忠告	(94)
技术补习	(94)
推荐资源	(97)

第九讲 为鼠标加点儿特效	(98)
点石成金	(98)
经验与忠告	(99)
技术讲习	(99)
瞧瞧人家	(100)
推荐资源	(112)

第十讲 给网站添加一些额外服务	(113)
点石成金	(113)
经验与忠告	(114)
技术前沿	(114)
推荐资源	(118)

第十一讲 形成自己的风格	(120)
点石成金	(120)
经验与忠告	(121)
技术补习	(121)
推荐资源	(130)

第十二讲 讲究点规范	(132)
点石成金	(132)
经验与忠告	(133)

技术补习 …………………………………………………… (133)
　　推荐资源 …………………………………………………… (136)
第十三讲　让你的网页更科学 …………………………………… (138)
　　点石成金 …………………………………………………… (138)
　　经验与忠告 ………………………………………………… (139)
　　技术补习 …………………………………………………… (139)
附录1　HTML 标记与属性速查表 ……………………………… (144)
附录2　网页设计中用到的色彩名称及对应颜色值 …………… (147)
附录3　Microsoft 设计主管 Peter Stern 谈 Web 设计经验 …… (150)
附录4　Web 网站的设计、管理与维护的十二项要点 ………… (154)
参考文献 …………………………………………………………… (160)

第一讲 总的说说

——俄罗斯一家网站，图片引自 http：//www.52design.com/
html/200905/design2009520114834.shtml

点石成金

"像样儿"的网页不仅要满足浏览者对观看内容、使用功能的需要，更要满足其审美和社会需要，还要充分实现 SEO（搜索引擎优化）。网页做得"像样儿"才是名副其实的网页设计师。网页"不像样儿"不仅在同行面前丢面子，更重要的——一定会失去许多潜在用户。

你的网页不像样——要么不好看，要么浏览者找不到想找的内容，要么，打开太慢，要么，搜索引擎排名靠后……是由多种原因造成的。你需要多方面的深造和强化——从理论到理念和技术。

你可能已经掌握了网页制作的一些技术。但对有关理论可能知之甚少。忽视理论乃至对有关理论一无所知，可以做出网页，但肯定做不出"像样儿"的网页。做网站需要技术支持，更需要理论指导。网页设计理论主要集中在视觉理论（如格式塔理论）、用户界面设计理论、SEO理论、色彩理论、网页布局理论等，必须自觉地学习和运用。

合格的网页设计师不能生活在象牙塔里终日闭门造车。深入社会生活、熟悉大众心理、加强艺术修养是做好网站的社会基础。

仅就技术角度而言，指望"一招鲜，吃遍天"是异想天开，网页设计者应该是多面手——所谓"艺多不压身"。学会充分利用多种技术和工具，充分利用各种信息资源（文字、图片、多媒体）是制作"像样儿"网页的技术基础。

一个网站由多个网页组成。它们虽然各自独立但又彼此联系，其实一个网站就是一个系统工程，一个网页制作者只是这个工程队的一员，必须注意团队的密切合作。

网站是一个工程，也是一个虚拟组织，一组作品，一种文化，做网页既要为用户服务，让用户获得信息、交流信息，又要让用户感到美，并从中受到某种启发和教育，感悟文化的熏陶……做网页必须努力实现技术性、艺术性、实用性的统一。

有明确的用户群和自身特色是形成"像样儿"网页的关键。

唯我独尊，固步自封是网页设计者的大忌。多浏览人家的网站——尤其是一些著名网站，也不要轻视或忽略个人网站，从而不断改进和提高你的网站、使之越来越"像样儿"。

最重要的是让用户感到美观、方便、实用。

经验与忠告

（1）网页设计不仅仅是技术，它还涉及许多人文、社会问题。如用户的审美偏好、民族禁忌、文化传统、思维习惯等，这些必须在社会实践中学习。

（2）不要认为只要学会Dreamweaver或者FrontPage就够了。网页制作涉及的知识特别多。制作"像样儿"的网页更需要多方面的知识和技能。除了上述软件之外，对图像处理软件也要了如指掌，还必须熟悉 HTML 和脚本语言、数据库知识和技能、动画处理、多媒体知识和技术。每类工具可以熟练掌握一种，但最好能了解甚至熟悉两种以上，以便于取长补短，相互借鉴。例如，网页制作软件有 Dreamweaver 和 FrontPage、图像处理软件有 Fireworks 和 Photoshop、脚本语言有 Javascript 和 VBscript 等。在具体设计中应博取众家之长。SEO 技术更需要你反复实践。

（3）不要一切从零做起。那样不仅效率低下还可能费力不讨好。你可以"站在巨人的肩膀上"。在信息时代尤其要学会资源共享、"借鸡生蛋"。要注意在不触犯法律的前提下利用其他网站的功能模块，也可以将定型的网页特效代码插入自己的网页中改善网页性能。

提供网站的功能模块服务和免费特效代码的网站很多，本书列举了一些学习资源，要注意经常访问和学习。自己也要注意不断积累。将一些较好的网页布局做成网页模板，将较好的 CSS 样式设计做成外部样式文件。便于今后反复使用。

（4）不要自行其事，热衷于单打独斗。开发网站往往是一个团队的工作。自己只负责一个或几个板块。要注意与其他同事沟通协调。保证网站风格的一致性，避免重复劳动或相互矛盾。

（5）仅仅提供了用户需要的信息和服务是不够的。还要提高其艺术和审美价值，给用户更多的便利，甚至提供一些额外的服务。最终目的是吸引用户而且要长期维持用户的忠诚度。

（6）设计时不要总是说"我喜欢这样"，要时刻想着"用户需要怎样"、"用户喜欢怎样"。网页设计者是为浏览者——而不是自己设计网页，必须学会忍痛割爱。

（7）不要乞求自己的网站内容包罗万象——你永远也做不到。只要把你的用户需要的东西做好就够了。

（8）不要一味模仿别人的网站，没有特色你就会被淹没。必须有与众不同之处才会有人注意你。

（9）网页是否"像样儿"绝不仅仅看外观。还要注意一些内在的东西。违背网页设计理论的网站往往不"像样儿"。要时常对照相关理论检验自己的网页。使之不仅让用户满意，而且令行家里手认同，才是真正的"像样儿"。

（10）不要一味炫耀你的技术。用户浏览网站没有心思也没有能力来鉴定你的技术水准，他只是需要某种服务或获取某种信息。技术是服务的手段而不是服务内容和服务目的。滥用技术不仅增加开发成本，还可能因为占用更多的网络资源让用户反感，费力不讨好。

（11）不要过多附加与网站内涵无关的装饰性的多媒体信息。多媒体信息会极大地占用带宽，严重影响网页的打开速度。而且用户浏览网页时不是完全被动的。他可以在浏览器中屏蔽图像、声音、活动内容，使你白忙乎一场。

（12）不要贪图自己省事而给用户造成不便或造成资源闲置和浪费。记住：用户不熟悉你的设计思路，更不是电脑专家，所以要给他足够的提示。假如你提供了某些服务，却没有提示用户，他可能根本不知道它的存在，因而从未想到接受此服务，反而会抱怨你的网站服务太少，或者使用太不方便，岂不可惜？

技术补习

一、FrontPage、Dreamweaver 取长补短

FrontPage 利用一个软件完成网页设计的所有操作，编辑中不会调用其他软件，似乎更适合初学者。但由于没有属性面板，选中网页元素后，只能在拆分视图通过代码修改属性，所以，要求使用者有更多的 HTML 代码知识。好在较高版本已经具有代码提示等功能。其 Web 组件、网页过渡效果、可折叠的列表的插入等很有特色。Dreamweaver 通过属性面板编辑属性，有动画、多媒体、CSS 的图形化处理界面，有更多的所见所得效果。但没有 Web 组件等一些预设特效。许多特效靠设计者亲自编写脚本代码实现。

可见二者各有利弊，在设计中应该综合利用。可以将一个软件自动产生的代码段粘贴到另一个软件产生的网页源代码中去，注意自动产生的相关文件（如 *.js）和文件夹也要一同粘贴到相应路径下。二者双管齐下，优势互补，便于制作像样网页。

二、网页设计三剑客的综合应用

Dreamweaver、Fireworks 和 Flash 三个软件的组合称为网页设计三剑客。它们是 Macromedia 公司的产品，后被 Adobe 公司收购。虽然其中的 Flash 已经被很多用户熟悉，并广泛应用于动漫设计，但开发初衷是共同设计网页，三者联袂可以完成更像样的网页设计。成熟的网页设计者必须熟练掌握"三剑客"软件的综合应用技术。

在你操作 Dreamweaver 制作网页时，它常会自动调用 Fireworks 或 Flash。例如在页面插入图像后，选中，在属性面板中的几个编辑按钮中（图 1-1），

编辑、优化会直接调用 Fireworks 完成。亮度/对比度和锐化操作采用的就是 Fireworks 中的面板。在建立网站相册时，它会自动调用 Fireworks。如果没有安装 Fireworks，将失去相应功能。使你的网站大为逊色。

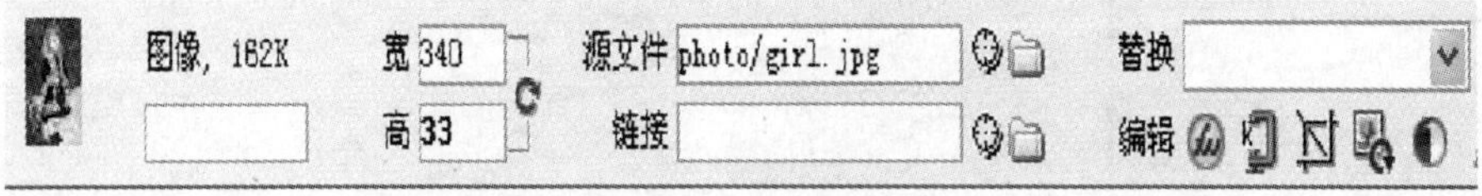

图 1-1

Flash 可制作动画，但其意义不仅仅是动漫设计，首先它可以将 fla 格式的矢量图动画导出成 swf 格式。这一格式不仅保持了矢量图的特性，而且是流媒体格式，在浏览器中可以边下载边播放，大大减少了用户的等待时间（请注意静态的 fla 图片也可以导出为 swf 格式，同样为流媒体）。而且该格式动画不需要特殊的播放器，可以直接插入到网页中。更重要的，该格式可以保留所有的交互效果，这是 gif 等动画格式所不能比拟的特性。所以，Flash 更适合制作网络游戏、网页按钮等。让用户充分体现人机交互的乐趣。

动画制作完成后，需执行导出操作。执行 Flash 菜单命令"文件/导出/导出图像（影片）"，显示对话框（图 1-2），一般选择默认参数设置。但务必选择"压缩影片"和设置较高的 jpeg 品质。音频流和音频事件的设置对字节数会有影响。在其"设置"对话框中，压缩参数选"mp3"、品质选"中"即可。对插入网页中的 swf 文件（图片或动画），可在 Dreamweaver 设计视图中选中，点击属性栏（图 1-3）中的"播放"按钮预览，如不满意，可点击"编辑"按钮调用 Flash 软件进行二次编辑（如果不安装 Flash，该功能不可用）。

Fireworks 也可以制作动画。但一般仅限于较简单逐帧动画，如实现按钮功能等。

三、Photoshop 软件的合理使用

Fireworks 面向网页图像处理，长于矢量图图案设计，虽然可以用于位图编辑，但毕竟对于精美图片处理稍显逊色。如果为了亲手绘制细腻精美图片，应该选用 Photoshop。用 Photoshop 制作的图片甚至可以取代摄影。是网页美工的首选软件。但为提高效率，网页设计中的图片一般不需要从零做起，而主要是在数码摄影的基础上编辑处理：合成与分解、改变色彩模式、添加滤镜效果等。由 Photoshop 直接产生的图像文件为 psd 格式，浏览器不能直接打开，字节数往往也很大。所以，在用于网页之前，应首先导出为网页支持的格式，

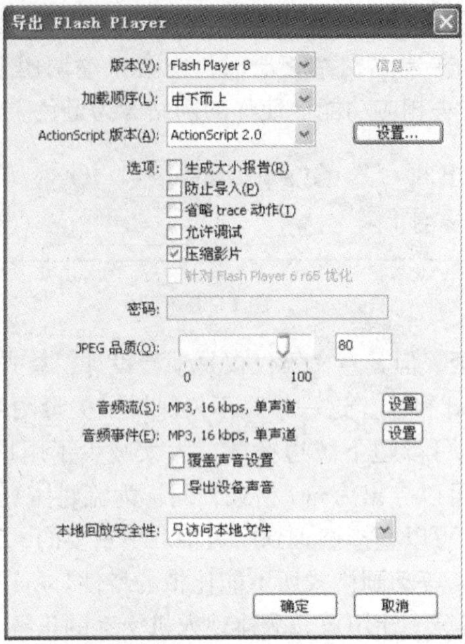

图 1-2

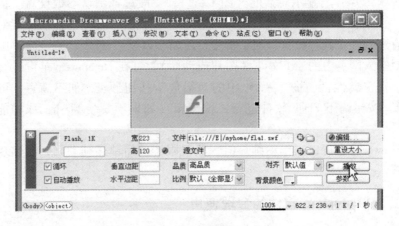

图 1-3

如 .gif、.jpg 等——主要是优化图片。后面章节有介绍。

四、脚本语言的选择与综合运用

网页脚本语言有 javascript、VBscript、Jscript 等。它们是某种程序设计语言的核心。如 javascript 是 Java 的核心。注意 javascript 不等于 Jscrip，更不是 Java。

这些脚本语言是实现网页特效的基础。也是动态网页的基础。对于许多常规的网页效果，设计网页时系统会自动将设计视图的操作自动转化为相应的脚本代码。但要制作像样的网页，许多特效代码就得靠自己编写了。动态网页代码也只能靠自己。例如，要定义一个函数。在网页代码中必须以"＜script＞"标记括起来，形如

＜script language = "xxx" ＞

函数体

＜/script＞

其中，"xxx"代表某一种脚本语言。注意，支持 Javascript 的浏览器较多，而只有 IE 浏览器支持 VBscript。所以为了让更多的浏览器看到你的网页特效，最好用 Javascript。

动态网页（如 ASP）中的代码在服务器端执行。只需要在动态网页（如 *.asp）代码的"＜script＞"标记指定 runat 属性值为"server"，包括以下代码段：

＜script language = "xxx" runat = "server" ＞

语句行

＜/script＞

如果脚本语言是 VBscript，还可写成以下简洁形式：

＜%

ASP 代码

%＞

一个网页中可以同时选择多种脚本语言。将各自内容放在多个＜script＞…＜/script＞标记中即可，只要浏览器能够同时支持这几种脚本语言。

五、关于 SEO

SEO 的中文意思是搜索引擎优化。通过总结搜索引擎的排名规律，对网站进行合理优化，使你的网站在百度和 Google 的排名位次提前，让搜索引擎给你带来客户。浏览者越多，网页的点击率越高，其社会效益和经济效益就越好。可以说，面向用户内容、功能、审美需求的网页设计无疑是好的设计，但只有基于 SEO 的网页设计，才是实实在在面向网站经济社会收益的设计。因而 SEO 是职业网页设计者必须掌握的技术。

SEO 技术涉及许多工具和网页设计的许多环节。SEO 工具包括 Google 网站管理员工具、Google 网站流量工具、Google 关键词工具、阿里妈妈站长工具、百度指数等。SEO 并不是简单的几个秘诀或几个建议，而是一项需要足

够耐心和细致的脑力劳动。SEO大致包括以下六个环节：

1. 关键词分析或定位

这是进行SEO最重要的一环，关键词分析包括：关键词关注量分析、竞争对手分析、关键词与网站相关性分析、关键词布置、关键词排名预测。

2. 网站架构分析

网站结构符合搜索引擎的爬虫偏好则有利于SEO。网站架构分析包括剔除网站架构不良设计、实现树状目录结构、网站导航与链接优化。

3. 网站目录和页面优化

SEO不止是让网站首页在搜索引擎有好的排名，更重要的是让网站的每个页面都带来流量。

4. 内容发布和链接布置

搜索引擎喜欢有规律的网站内容更新，所以合理安排网站内容发布日程是SEO的重要技巧之一。链接布置则把整个网站有机地串联起来，让搜索引擎明白每个网页的重要性和关键词，实施的参考是第一点的关键词布置。友情链接战役也是这个时候展开。

5. 与搜索引擎对话

在搜索引擎看SEO的效果，通过site：你的域名，知道站点的收录和更新情况。更好的实现与搜索引擎对话，建议采用Google网站管理员工具。

6. 网站流量分析

网站流量分析从SEO结果上指导下一步的SEO策略，同时对网站的用户体验优化也有指导意义。流量分析工具，建议采用Google流量分析。

SEO是这六个环节循环进行的过程，只有不断地进行以上六个环节才能保证让你的站点在搜索引擎有良好的表现。

一般从三个角度考虑，有相应的技巧。

（一）关键词的设计（位置、密度等）

①URL中出现关键词（英文）；

②网页标题中出现关键词1~3个；

③关键词标签中出现关键词1~3个；

④描述标签中出现关键词，主关键词重复2次；

⑤内容中自然出现关键词；

⑥内容第一段和最后一段出现关键词；

⑦H1、H2标签中出现关键词；

⑧导出链接锚文本中包含关键词；

⑨图片的文件名包含关键词；

⑩ALT 属性中出现关键词；
⑪关键词密度 6% ~ 8%；
⑫对关键词加粗或斜体。

（二） 网页的内容质量、更新频率、相关性
①原创的内容最佳，切忌被多次转载的内容；
②内容独立性，与其他页面至少 30% 互异；
③1 000 ~ 2 000 字，合理分段；
④有规律地更新，最好每天更新；
⑤内容围绕页面关键词展开，与整个网站主题相关；
⑥具有评论功能，评论中出现关键词。

（三） 导入链接和锚文本
①高 PR 值站点的导入链接；
②内容相关页面的导入链接；
③导入链接锚文本中包含页面关键词；
④锚文本存在于网页内容中；
⑤锚文本周围出现相关关键词；
⑥导入链接存在 3 个月以上；
⑦导入链接所在页面的导出链接少于 100 个；
⑧导入链接来自不同 IP 地址；
⑨导入链接自然增加；
⑩锚文本多样化。

推荐资源

（1） 建站学——网站设计：http：//webdesign. jzxue. com/
（2） 天极网——网页陶吧：http：//homepage. yesky. com/
（3） 逆云网——网页设计：http：//www. niyun. net/
（4） 图片联盟网——网页设计理论：http：//www. tplm123. com/showtopic-528. aspx
（5） SEO 十万个为什么：http：//www. seowhy. com/
（6） 逆云网——网页设计如何兼顾 SEO：http：//www. niyun. net/v/2009-2-20/612. htm
（7） 天极网——"格式塔"原理在网页设计中的应用：http：//homepage. yesky. com/119/9120119. shtml

(8) 天极网——网站建设基础：打开速度的快慢对网站的影响：http：//homepage. yesky. com/268/8771768. shtml

(9) 百度贴吧——企业网站设计精华 65 条原则：http：//tieba. baidu. com/f? kz = 192453127

(10) 去设计网——网站首页的设计法则：http：//www. Gofor design. cn/info/web-design/homepage. html

(11) 设计联盟网——网站设计的实质内容 36 法则：http：//www. designlinks. cn/article/web_ 336. html

(12) 龙源期刊网——网站设计的黄金法则：http：//cn. qikan. com/Article/zasi/zasi200509/zasi20050958. html

(13) 源码动力——个性网站欣赏 hibriden：http：//www. 999net. com/Design/CoolSite/200901/31129. html

(14) 红城设计工作室——俄罗斯 Yurii 优秀网站欣赏：http：//www. design68. cn/blog/article. asp? id = 85

(15) 创意在线——俄罗斯 downsign 多风格网站作品：http：//www. 52design. com/html/200905/design2009520114834. shtml

(16) 飞鱼设计社——外国几个优秀网页设计首页欣赏：http：//www. flyfishs. com/news. asp? id = 4751

(17) 中国视觉媒体——网页设计欣赏：http：//www. Media 848. com/vison/webdesign/

第二讲　让人记住你的网页

——巴黎欧莱雅专业美发网站，http：//www.lorealprofessionnel.com.cn

点石成金

　　你不可能只为了好玩去开发一个网站，总要达到某种目的。而且必须为之投入大量人力、物力、财力。因而在网站建设之初，你必须明确，为什么开发这个网站？

　　有人光顾你的网站，有更多的人喜欢浏览你的网站，你才能实现开发目的。你还要明确网站的用户群——这个网站你是为哪些用户开发的？为此，毫无疑问——你应该先了解用户群的功能需求和审美偏好，再着手设计网站。网站内容要根据开发目的、目标用户需求有明确定位。还要有让主流用户喜欢的

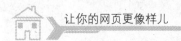
让你的网页更像样儿

风格。

此外，各网页的布局、导航、色彩搭配模式要有很好的一致性，以便让用户更方便地找到自己需要的信息和服务。

从外观上，"像样儿"的网站一定要有网站标识——Logo，并放在网页的醒目位置，就像商品的商标一样。有商标的商品才是正宗品牌——让用户感到有技术含量和质量保证，值得信赖；同时也容易形成直观印象，便于记忆和鉴别。

网站名称、网址都要简洁、通俗、好记——这本身就具有很好的广告效应，便于你的用户多次光顾你的网站。

主页是网站的门面和灵魂，让人记住你的网站首先要有像样的主页。

俗话说，众口难调，你和网站的用户往往是不能谋面的，让用户长期忠诚于你的网站也是不容易的，用户群往往具有流动性和不确定性，你不可能准确把握用户的功能需求和审美偏好，所以必须要经常征求用户关于网站建设的意见，还要时常用崭新的外观和额外服务吸引用户。

经验与忠告

（1）不管 Logo 好不好都应该有 Logo。网站没有 Logo 比蹩脚的 Logo 更蹩脚——不能使用户对网站产生形象的记忆。

（2）不管站名好不好都应该有站名。网站没有站名比荒唐的站名更荒唐——不能使用户对网站产生具体、深刻的记忆。

（3）即使网站内容短期内没有更新，外观也要变个花样——让时常光顾的用户有些新鲜感，感到这个网站有人维护。这对用户时常光顾并记住你的网站是有好处的。

技术补习

一、网站命名

网站一定要有名称。命名关键主要是上口、通俗、易记、体现网站主题内涵。如表 2-1 列出了较好和不好的实例。

表 2-1

评价	站名举例	分析
较好	淘宝网	到网站购物就是"淘宝",吉利好记
	红袖添香	体现文学类网站的美学和艺术韵位
	中国人	意为"普通中国人的交际圈",吸引普通百姓
	搜房网	言简意赅,体现网站主题内涵
不太好	校内网	仅限于校内?"校外"人不能用吗
	易趣网	本意是"交易的乐趣",但难理解
	易果网	本意是卖水果,不如索性叫"水果网"

二、网站域名设计

网站域名设计在很大程度上受注册限制。除了 www、com、cn 等部分不能人为命名外,还不能与其他网站重名。核心部分需要反复斟酌,关键是简短、易记、最好有趣些。通常用英文(缩写)、汉语拼音(缩写)、数字构成。而其中的数字通常借助其谐音效果。这里分析几个实例(表 2-2)。

表 2-2

网站名	域名	解析
零起点网	www.07dian.com	07dian——0 起点
我乐网	56.com	56——我乐
五月雪	5snow.com	5snow——5 月雪
嫁我网	Marry5.com	Maryy:嫁,5:吾,我
网址之家	3322.com	3322——三三两两
好 123	Hao123.com	好的网站有 1、2、3…
个人空间	www.51.com	51——我要
咚咚呛	www.dongdongqiang.com	读音令人想到戏曲伴奏

必要时还可以给出两个以上的域名,满足不同用户群的需要。如东方财富网,eastmoney.com(东方钱)满足有一定英文基础的网民需要,另一个域名 18.com.cn(要发)对于许多文化层次较低者更合适。

三、网站 Logo 设计

网站 Logo 的意义在于使抽象的网站形象化、具体化,既便于识别,又可以加深大众理解、引发联想、增强记忆,有助于获得大众的认知、认同,有利于提高知名度、美誉度。从而提高其访问量,获得最佳效益。

网络 Logo 设计原理与普通标识或平面设计的原理完全一致。但鉴于屏幕面积有限、寸屏寸金，用户浏览可能来去匆匆等特点，应以简洁、别致，与站点名称、网址（域名）紧密联系、贴近网站主题，吸引用户瞩目、使之易记、印象深刻作为主要原则。

网络 Logo 的形式多种多样，网站 Logo 设计通常要和站名、域名结合考虑。

表 2-3 给出了一些实例。供读者参考。

表 2-3 一些网站的 Logo 点评

类别	Logo 图片	技术特点
门户类	零起点 www.07dian.com	构成：字母变体+五彩汉字；集站名、域名、标识于一体；站名简洁，域名用阿拉伯数字+拼音，谐音易记
商务类	iT.com.cn 中国IT第一城	构成：字母变体+多色处理；集站名、域名、标识于一体；站名与域名同名，简洁易记
旅游	tule668.com 途乐网	构成：简洁图案+域名+多彩汉字；站名意喻"旅途快乐"，好记吉利；域名用站名拼音，好记
交友	iPartment 爱情公寓	构成：简洁图案+域名字母变形+汉字；一男一女相背图案与主题密切，i 与爱谐音，ipartment 与 apartment（公寓）谐音，易记
搜索	Baidu 百度	构成：拼音字母+简洁图案+汉字；域名为站名的拼音
财经	东方财富网 eastmoney.com 中国财经第一门户 本站易记网址：18.com.cn	构成：英文字母+简洁图案+站名汉字，集站名、域名、标识于一体，为便于记忆给出易记网址
文学	红袖添香 www.hongxiu.com	构成：简洁图案+汉字书法+域名，集站名、域名、标识于一体；站名有艺术内涵，域名用拼音好记
论坛	落伍者 www.im286.com	构成：动感图案+汉字书法+域名，游动的小鱼非常别致，域名为"iam 286"的简化，相对于586、p3、p4 有落伍之意

第二讲 让人记住你的网页

（续表）

站名	Logo 图片	技术特点
健康		构成：五彩汉字＋简洁图案＋拼音变形，密切结合网站内涵
交友		构成：五彩汉字变形＋域名。集站名、域名、标识于一体；站名、域名通俗，密切结合内涵
生活休闲		构成：简洁图案＋域名＋多彩汉字；集站名、域名、标识于一体
商务		
生活		同一个网站群，Logo 风格完全一致：变形多彩字母＋下划线＋站名，集站名、域名、标识于一体，网址用英文：PC——太平洋，lady——女性，games——游戏
游戏		
旅游		构成：字母变形＋域名＋多彩汉字；集站名、域名、标识于一体
证券		构成：汉字书法＋域名，为便于记忆提供了简易域名
视频		构成：汉字＋多色拼音字母，集站名、域名、标识于一体
戏曲		构成：京剧脸谱图案，很容易令人想到中国戏曲，与网站主旨非常吻合

(续表)

站名	Logo 图片	技术特点
零售		构成：汉字＋多色块拼音字母，与站名、域名关系密切，站名令人想到"拍卖"，体现草根性
视频		构成：简洁图案＋站名＋域名，站名、域名都非常通俗易记，体现了草根性，格言"每个人都是生活的导演"结合内涵富有哲理
政府		构成：图片＋域名，体现其严肃性，标识的联想性极强；域名简洁，容易记忆

有些网站的标识很别致，但不易理解，也看不出与网站主题的联系，如嫣然天使基金网的 Logo（图 2－1）未必是理想的标识。英文 Soileangel Fundation（意为"嫣然天使基金"）曲高和寡，普通百姓不懂，改为中文也许稍好些。

注意，在节假日等特殊时期，网站标识可以做一些装饰。图 2－2 是两家网站在圣诞节时的 Logo 式样。

图 2－1

图 2－2

四、主页设计

（一）主页必须解决的问题

同一类型的网站林林总总，都在和你竞争用户。在竞争中网站的主页是网站的窗口，对于吸引和留住用户至关重要。要不放过任何一个可能访问或正在访问甚至已经访问过的用户，必须了解用户心理。用户第一次打开一个网站一

般会依次弄清以下4个问题:
①这是什么网站?
②网站上有什么?
③我能在这里做什么?
④我是继续留在这里,还是转到其他网站?
所以,主页要担负起以下任务,才能不辱使命。
①让用户尽快弄清网站类型;
②让用户尽快弄清网站内容概貌;
③让用户尽快弄清网站导航及其功能概貌;
④最大限度地吸引并留住用户。

(二)主页应该具有的特征

一个合格的主页应具备以下特征。

(1)新颖别致,与众不同。聚焦用户视线,使之迅速形成对网站全局(类型、内容、风格)的总体感受。

(2)时常更新——让老用户有新鲜感。

(3)网站导航简单明了——提纲挈领、条理清楚、层次少,线路简短。大网站要有网站地图、指示用户所在位置、有站内搜索功能。对于重要信息提供导读服务。

(4)板块化、有序化。板块按关联性排序,内容在板块内按重要性排序。

其中,前两条最为关键。对于一个组织或个人网站,信息量较小,布局设计主要就是满足新颖的需要了。清华大学的主页(图2-3)只显示一屏。简洁淡雅、又不失严谨。所谓简洁主要是用于导航的信息仅集中在最高层次;所谓淡雅是指色彩数目少而浅淡。所谓严谨是指文字、图片平直对齐。

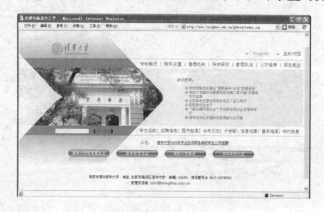

图2-3

Apple公司的主页（图2-4）也具有同样的特点。

图2-4

个人网页也需要简洁淡雅，但不需要严谨，而更需要展示个性，可以更多地做一些艺术处理。如云水茶人坊（http://www.zhugao.cn/）主页设计（图2-5）像是一幅高雅的风景画。这是一个关于茶产品和茶文化的网站。打开后在背景音乐烘托下，展现一幅Flash动感背景画面——南国水乡，门厅、街道，梅花点缀，水波荡漾，金鱼游动，导航菜单（书卷右侧竖排文字）以古书卷展开，选中某菜单后又有书卷的卷帘效果。的确是个性十足又韵味十足的主页。

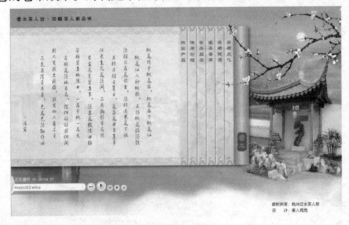

图2-5

第二讲　让人记住你的网页

必要时可以为网站加一个入口界面，以增加其新颖性。

如桃源盛世源（http：//www.sz-arcadia.com/）是一个销售房地产的网站。打开后 Flash 动感入口依次出现飘动的白云，往返飞翔的鸟群，舞动裙裾的少女，广告语"荣耀一身，全球理想人居：爱心运营，社管与物管并行……"最终定格为楼群图片和站标，左下角有"点击进入"字样（图 2-6）。

注意，大型商业性、公益性网站以直接展示网页内容为宜，不适合添加入口界面。

图 2-6

推荐资源

（1）中国个人网页秀：http：//www.cnwshow.com/cnw/show1.htm

（2）桌面城市——Logo 参考：http：//sc.deskcity.com/sucai/logolist

（3）素材中国网——五颜六色网站 Logo 欣赏：http：//online.sccnn.com/html/design/ad/20070502011815.htm

（4）我图网——300 个网站 Logo 欣赏：http：//share.ooopic.com/show/zj_img/72&page=1

（5）CGFinal——300 个网站 logo 欣赏：http：//www.cgfinal.com/html/cms/2008/07/04/1215156032.shtml

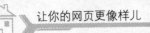
让你的网页更像样儿

（6）数字驿站——网站logo欣赏：http：//www.k1982.com/design/202141.htm

（7）潮尚部落（个人网页）——网站Logo欣赏：http：//i.yoho.cn/313364/logview/1513781.html

（8）无边在线：http：//wb889.com/Article/2008/200809/14298.html

第三讲　让布局更讲究

——引自 http：//www.kpyy.org.cn/webdesignart/CD-1.htm

点石成金

　　布局是为网页内容安排版面的技术。各内容板块放在页面的哪个位置，占据多大版面，你需要划分板块，作出安排。

　　首先必须要突出重点内容——按板块内容的重要性安排它在页面的位置，

越重要越应该放在醒目位置；因为用户一般是从左上方向右下方浏览的，所以，按照内容的重要性排序的结果应该是从左上到右下方重要性依次降低。

请注意，为了用户浏览网页方便，每个网页一般都有导航栏。导航栏是用户浏览网页的向导，对于用户尽快找到自己需要的网页具有重要意义。可见导航栏比任何网页内容都重要。所以，导航栏一般位于网页顶部或最左侧。甚至顶部和左侧都有。但无论放在哪儿，在各个网页中，导航栏的位置要相对固定下来，不要一个网页一个样——良好的一致性对于减少用户摸索时间，提高浏览效率非常重要。

为了用户尽快找到需要的网页内容，你必须对各网页按内容进行分类。通过菜单、子菜单、大标题、小标题、正文……等顺序展开。在外观上，导航与正文要有明显的分界。导航、标题、正文的文字也要通过不同字体、字号、色彩等分出层次。

布局一定要实现图片与文字、动态与静态内容的合理搭配既避免单调，也尽可能整齐划一。犬牙交错，既不美观，布局也更困难。

网页元素之间要疏密得当，板块之间可以有一些分界线，即使不留，也要有间隙。在页面左右两侧，也要适当留白，一般在30%左右。

要通过框架等技术，尽量给浏览者调节版面尺寸的自由。

主页甚至每个网页不宜超过三屏——让浏览者少使用最好不使用滚动条。

布局的最大难题是适应用户显示器的尺寸和分辨率的多样性。最好自动适应显示器窗口大小——在不同显示器上网页的视觉效果保持不变；

布局必须兼顾美观和网站风格的需要。

经验与忠告

（1）没有布局最不像样——没有板块、不分栏目，文本从窗口左侧直到窗口右侧、从上到下直到窗口底部是网页设计之大忌；尤其在内容较多时一定要有布局设计——划分板块、给出板块标题、按其重要性安排在适当位置。

（2）各板块大小要和谐，差别过于悬殊会导致犬牙交错，也不美观。

（3）不要祈求把各个超链接的基础文本都显示在板块内。只把最重要的几条写入即可，剩下的留一个"更多……"链接，既节省版面，又便于控制板块的大小和谐。

（4）装饰性或额外服务板块应放在边角位置，并占据尽可能少的版面。

（5）分辨率一般按 800×600 或 1 024×768 两种考虑。

（6）大尺寸、宽屏显示器越来越多，新设计网站应该按 19 英寸以上考虑，多在横向安排内容。横向导航栏优于纵向。

（7）每个网页最好都有"回首页"、"返回"、"到页首"、"去页尾"等链接，并放在同一位置。

技术补习

一、网页布局合理选型

网页布局大致可分为以下几种类型。

（1）国/同字形：这是一些大型网站的惯用类型，即最上面是网站的标题以及横幅广告条，接下来就是网站的主要内容，左右分列一些两小条内容，中间是主要部分，与左右一起罗列到底，最下面是网站的一些基本信息、联系方式、版权声明等。省略最下行即为同字型（图3-1）。

图3-1

（2）匡字形：上面是标题及广告横幅，中部左侧是一窄列导航链接，右侧是很宽的正文，下面是一些网站的辅助信息（图3-2）。省略最下一个板块即为石字形。

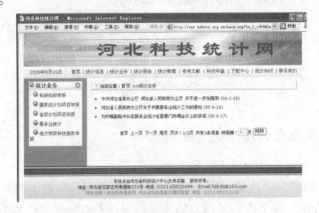

图 3-2

（3）日/目型：最上面是标题、横幅等，下面是正文。如图 3-3。

图 3-3

（4）左右型：从上到下将窗口分为左右两大部分，一般用左右两个框架实现。左侧是导航链接，右侧是正文。应用较少。如图 3-4。

（5）复合型：一般是多框架结构。如图 3-5。

（6）交错型：各板块在水平、垂直方向有交错。如图 3-6。

（7）简洁型：页面上只有一些小图片或较少的文字。似乎不需要布局。如格致菜谱（http://www.gtogt.com/）和搜狗主页的布局（图 3-7、图 3-8）。

第三讲　让布局更讲究

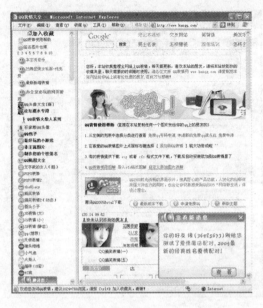

图 3-4

一般用于较小的或功能单一的网站，搜索引擎最为常见。

（8）动感变化型：此类布局往往采用 Flash 动画技术使得板块面积在特定情况（如鼠标移入时）下变化效果。如图 3-9。

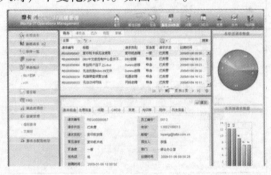

图 3-5

（9）自适应型：版面大小根据显示器或窗口尺寸自动调整。如卓越亚马逊网站（http：//www. amazon. cn/？ tag = baiduhydcn-22 &ref = pd_ sl_ 8 wc2lrkjuf_ e）的主页（图 3-10、图 3-11）。窗口宽度变小时，并不出现水平滚动条，可适用于长宽比例为 4：3 或 16：9 的显示器。

25

让你的网页更像样儿

图 3-6

图 3-7

二、布局技术

可通过以下技术实现布局。

1. 表格

表格是最常规的布局技术。用法是将各板块放在单元格内。特点是通过单元格的拆分与合并可改变板块的大小；可用鼠标拖动网页元素（图片或文字）

第三讲　让布局更讲究

图 3-8

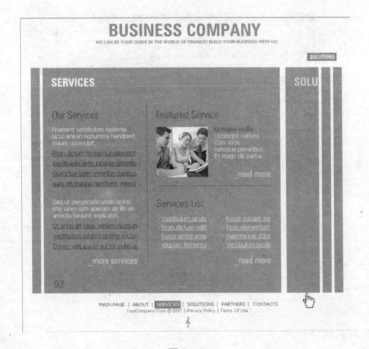

图 3-9

实现在不同单元格间自由移位。但人工拆分或合并单元格往往很难达到理想效果。有时候不得不采用多层表格嵌套。表格操作的 HTML 标记有 table、tr、td 等（详见附录）。

27

让你的网页更像样儿

图 3-10

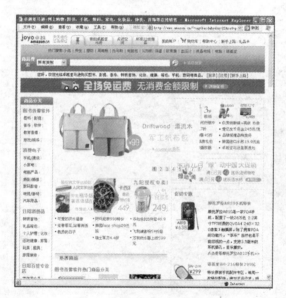

图 3-11

2. 布局表格

在 DreamWeaver 中提供了布局表格操作。大大简化了操作，使得拆分合并单元格随心所欲。选择插入面板的布局模式，先选择布局表格按钮，用鼠标在页面拖出一个矩形区域，再单击布局单元格按钮，在页面适当位置绘制若干个布局单元格。如图 3-12。

注意：绘制单元格时，同时按下 Alt 键，可以使相邻单元格距离足够近而

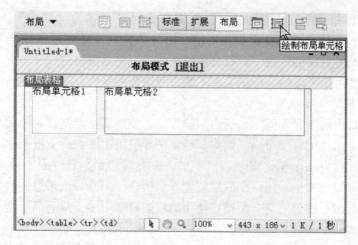

图 3-12

彼此不想粘连；绘制后可以选中单元格，根据网站的规划情况设置其高度、宽度等属性，在各个单元格内可插入文字或图片，微调其在页面中的位置。当退回到标准模式时，可以看到一个自动形成的不规则的表格（图 3-13），其填充、间距、边框参数值均为 0。

该表格完全具备普通表格特性。不仅操作简便，而且效果极佳，提倡使用。

表格或布局表格，布局适于已知页面具体内容及其板块大小的情形。当需要图片与图片、图片与文字、图片与表格、文字与表格、表格与表格对齐时，表格布局是最简便的做法。

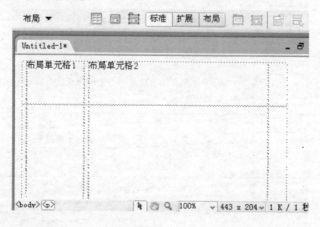

图 3-13

多数采用表格布局的网页,顶级表格的对齐方式为"居中"(align="center")。当表格的宽度设为相对值(百分数)时,还可以根据浏览器窗口大小自动调整显示的行数——百分数的底数是浏览器窗口的尺寸。上述自适应型布局往往采用了表格。但浏览者不能自行调整表格的宽度或高度。

3. 框架

当板块内的内容不固定,所占面积可变、或需要指定链接目标的显示位置时,应该考虑使用框架布局。例如,通常把导航菜单放在一个框架中,而指定链接对象放在另一个框架显示。匡字形、左右两栏型、日(目)字型布局通常都采用框架技术——用一个框架放置导航信息。而且导航信息一般放在最左侧或最上侧那个框架。复合型布局使用的框架可能更多。只有简洁型布局绝对不使用框架。

框架的意义在于每个框架内显示一个网页,可以指定超链接目标网页的显示位置。但浏览器窗口被分割成了几块,每一块的面积将大大缩小,常常不能将各个板块显示完整,不得不为各框架加上滚动条。对于长宽比4:3的旧式显示器,特别是15英寸以下的显示器,这种弊端尤为突出。随着大尺寸16:9显示器的普及,框架布局的优越性不言而喻。最终技术途径一是减少框架数目,二是使用户可以自行调整框架尺寸。

使用框架数目一般2~4个为宜。表3-1是经常采用的类型。

表3-1

布局类型	框架形式	说明
匡字形		3~4框架,各区块分别为一个框架,或中部两区块为一个框架
日字形		0~2框架,上方信息与下方网页正文可放在一网页
目字形		2~3框架,上一般为框架,中、下部处在1~2个框架中,未必都是框架
左右型		两框架,左右各一

(续表)

布局类型	框架形式	说　明
复合型		一般三框架
回字形		2～3框架，上一般为框架，中、下部处在1～2个框架中，未必都是框架
门字形		2～3框架，上一般为框架，下部处在1～2个框架中，未必都是框架

为了克服不能完整显示网页内容的不足，你可以给浏览者改变框架尺寸的便利。核心是选中所有框架，取消属性栏（图3-14）中"不能调整大小"属性前面的"√"，或者取消HTML代码中noresize="noresize"一项属性设置。但"滚动"（即是否显示滚动条）一项应设为"自动"或在HTML代码中设置属性scrolling="auto"。

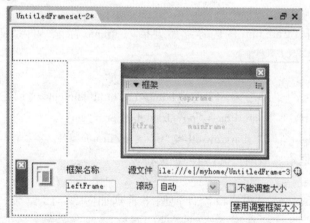

图3-14

4. 利用Layer或iframe标记布局

普通的框架布局总是在一个框架集（frameset标记）网页中包含若干个框架（frame标记）网页，但请注意框架还有另一种表现形式——内部框架。它没有框架集网页的概念，也不使用frameset标记和frame标记，而是利用layer或iframe标记调用另一个网页的HTML代码，客观上也可以达到框架布局的效果。尤其是极便于实现日/目型框架布局的效果。

layer 标记仅限于 Netscape 浏览器使用，因为这不是 HTML 标记，而是 Netscape 自己定义的标记，所以，其他浏览器不支持。有以下属性。

Name：内部框架名；src：外部原文件路径；left：左边距；top：顶部边距；width：内框架宽度；height：内框架高度。

iframe 标记可以被 IE 等许多浏览器支持。属性有：

src：外部原文件路径；

scrolling：是否显示滚动条，通常取值为"no"。

width：内框架宽度，通常取值为0。

height：内框架高度，通常取值为0。

frameborder：是否显示内框架边框线，通常取值为"no"。

marginheight：内框架垂直边界尺寸，通常取值为0。

marginwidth：内框架水平边界尺寸，通常取值为0。

例如，先做网页 1st. htm，其中只显示一行文字。其 HTML 代码核心内容如下。

< body >

这是第一个网页的内容

</body>

在另一网页 2nd. htm 的内容起始处插入 iframe 标记，再添加一些其他信息，使之最终有以下代码。

< body >

< iframe src = "file：///E | /myhome/1st. html" height = "12" width = "100%" scrolling = "no" frameborder = "no" marginheight = "0" marginwidth = "0" > < /iframe >

< p >这是第二个网页的内容</p >

</body>

在 Dreamweaver 编辑窗口设计视图将看到如图 3 – 15 结果。旨在显示完 1st. htm 网页内容后，在下面继续显示一行文字"这是第二个网页的内容"，最终在浏览器上将看到图 3 – 16 效果，可见与日字形框架布局效果完全相同。因而设计网页时，可先将网站 logo、横幅、导航等信息保存在一个独立的网页中，而后在每个网页的上部通过 iframe 标记调用该文件。

5. CSS + DIV 布局

层布局的好处在于可随心所欲安排板块在页面中的位置——编辑网页时你可以随意改变层的大小，或把一个层拖动到页面的任何位置。便于实现和修改

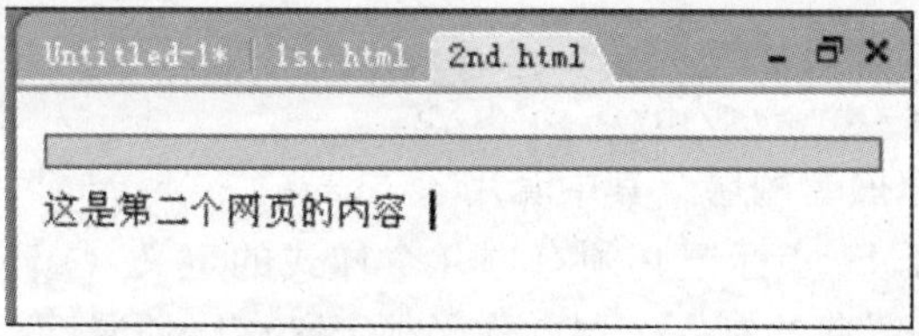

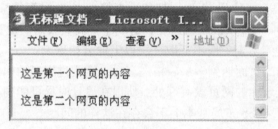

图 3-15

对象的重叠显示,而且不受页面边界的约束。因而大大弥补了表格布局的不足。但更重要的是 Div 层与 CSS 结合可以极大地装饰和美化网页。

图 3-16

CSS + DIV 布局就是用层和 CSS 定义一起实现网页的布局。只用于一个网页中各个元素之间的位置安排。通常一个层(div 标记)中嵌套多个子层,而将有关层分别定义并套用各自的 css 样式。如淘宝网页面的 HTML 代码,body 标记部分有类似以下内容。

```
< div id = "page" >
   < div id = "header" >
     < div id = "site-nav" >
       < p class = "login-info" >
         < script type = "text/javascript" >
           FP. writeLoginInfo ( {' memberServer':' http://member1. taobao. com'} );
         </script >
       </p >
       < ul class = "quick-link" >
       < li class = "cart" >
< a         href = "http://buy. taobao. com/auction/cart/my_ cart. htm?
           nekot = 1251337505" target = "_ top" >购物车
         </a > </li >
```

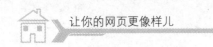

......
</div> </div> </div>

这里有若干个嵌套的层，其中套用了"page"、"header"、"site-nav"……等样式。而在头部 head 标记必须有这几个样式的定义（style 标记）。实际上在 Dreamweaver 中，每绘制一个层，你必须定义该层的属性，结果这两部分代码都会自动产生。所以 CSS + DIV 布局归根结底就是利用层布局。

与表格布局相比，CSS + DIV 布局有其自身的特点和优势。首先是页面代码精简。由于不再使用大量与表格相关的标记——table、tr、td 标记，表格有嵌套时尤其多——使代码减少，带来的直接好处是提高搜索引擎爬行程序（spider，直译为"蜘蛛"）爬行速度，有利于提高其收录质量和收录数量。

有人说"搜索引擎一般不抓取三层以上的表格嵌套"，不无道理。爬行程序爬行表格布局的页面遇到多层表格嵌套时，会跳过嵌套的内容或直接放弃整个页面。对于收录你的网页没有好处。所以在设计时尽可能的不要使用多层表格嵌套。而 DIV + CSS 布局基本上不会存在这样的问题。

另一方面，基于 XTHML 标准的 DIV + CSS 布局，一般在设计完成后会尽可能的完善到能通过 W3C 验证。截至目前没有搜索引擎表示排名规则会倾向于符合 W3C 标准的网站或页面，但事实证明，使用 XTHML 架构的网站排名状况一般都不错。

三、减少网页显示的屏数，精简第一屏

网页长度一般以不超过 3 屏为宜，最好控制在一屏以内，减少拖动滚动条的次数，让浏览者将网页重要内容尽收眼底。因为版面和长宽尺寸都有关。如果是日/目字形布局，主框架内部采用表格，使用表格固定宽度，对于不同尺寸显示器显示的屏数不变，而如果宽度使用百分比，对于较大尺寸的显示器，自然就减少了屏数。

注意，对于那些内容或其链接需要显示在板块内，你需要在众多内容中斟酌、筛选和排序——而不是把所有内容都放入，以便突出重点，减少板块面积。许多次要内容只需用"更多"一个链接放在另外的网页中，对于布局和阅读都有利。

前面所述，采用框架布局特别是有左右两个框架时，使浏览者能够调整框架边线位置，也是为了减少拖动滚动条的次数，但其弊端一是浏览者可能不知道边线位置可调，二是调整后可能导致两个框架布局的改变，不如以表格百分比宽度显示效果好。

但无论网页长达几个屏幕，当浏览者打开它的时候，首先映入眼帘的是第

一屏。第一屏既要把重点内容展示给浏览者,又要担负起吸引和留住浏览者的任务,因而它的布局非常关键,要给予足够重视。必须根据用户显示器的尺寸和分辨率作出完美设计。

据有关组织 2006 年底的调查,基本上用户分辨率都在 800×600 以上,绝大部分都在 1 024×768 以上,从全球情况来看,800×600 的分辨率会越来越少。国内浏览器依旧是 IE6.0 的天下,这将会持续较长的时间。从全球市场来看,国内的 Firefox2.0 和 IE7.0 会逐步增长,特别当 IE7.0 的中文版推出和 Windows 自动更新的推广以及随 Vista 上市,IE7 增长会更快。

在考量一屏的显示尺寸时,应注意:一屏指绝大部分用户的浏览器显示网页的有效可视区域;一屏的计算环境是 Windows XP 和浏览器均处于默认样式。下面是基于上面的原则得到常用 IE 浏览器和分辨率下的的数据结果。据表 3-2,已知浏览器型号和屏幕的分辨率即可轻易推算可视区域面积,如 1 024×768 下 IE7.0 的可视面积是(1 024-21)×(768-148)。

表 3-2 三种常见分辨率显示器的有效可视区域大小

屏幕	800×600		1 024×768		1 280×1 024	
浏览器	有效可视区域(单位:px)					
	长	宽	长	宽	长	宽
IE6.0	779	432	1 003	600	1 259	856
IE7.0	779	452	1 003	620	1 259	876

因此,最保守而最有兼容性的一屏大小是:779×432;最广泛的一屏大小是:1 003×600;适合目前国内的情况,一屏大小是 779×600。

四、布局中的适当留白

在国画中讲究适当留白,所谓"疏可走马,密不透风",就是说画布上的空白和着墨的地方一样,都是不可分割的组成部分,与整幅画作的艺术内涵有直接关系。有些画,尽管画得不错,但看起来拥挤压抑,就是因为不重视留白。网页设计同样如此。网页上的留白部分,同其它页面内容如文本、图片、动画一样,都是设计者在制作网页时要通盘斟酌的。

一般窗口边缘留白应占 30% 左右,防止拥挤。重要的是使得各个板块、段落之间有足够的间隙。甚至较大留白,却显得大气、洒脱。如图 3-17、图 3-18。

留白不要只理解为留下明显的间隔。当页面内容较少时,在各个段落结尾

让你的网页更像样儿

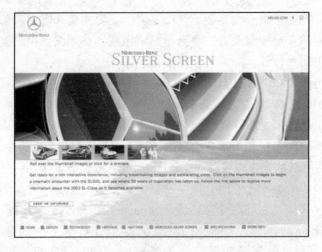

图 3-17

图 3-18

处添加一些小的色块。既起到了装饰作用，也使内容显得充实。

五、面向宽屏显示器的网页布局设计

据有关数据统计，目前 1 024×768 分辨率的用户占有率在不断地下降，而 1 280~1 440 高分辨率的用户将逐渐增加，甚至宽屏显示器将成为主流，所以，网页设计必须考虑宽屏用户的浏览体验。

细心的读者不难发现：当您使用宽屏显示器时，如网页内容满屏显示时，要想浏览一整行，头部需随着眼睛从左向右转动，屏幕越宽，转动就愈加明显，时间稍长，眼睛和脖子都很累。因此，为了便于用户浏览，在布局设计时，即使面向大尺寸宽屏显示器，也不要将内容设计成整屏显示。首先想到的是采用表格百分比等技术使屏幕宽度自适应（两侧适当留白）。但一方面留白过多必造成屏幕浪费；另一方面，目前网页完全采用流体弹性布局条件还不具备——一些浏览器厂商对 HTML 及 CSS 标准还不能提供百分百的支持。所以只能用背景去适应宽屏显示器屏幕宽度，让正文内容无论在宽屏还是窄屏中都能自动居中。在内容安排上，横向可采用图片和文字并列——左图片、右文字或左文字、右图片，可有效减少浏览者头部的大幅度转动。

推荐资源

（1）逆云网——网页设计中黄金分割理念：http：//www.niyun.net/v/2009-1-9/575.htm

（2）网页设计中的留白艺术：http：//www.mycomb.net/c14/c237/w10000181.asp

（3）逆云网——针对宽屏显示器进行网页布局设计：http：//www.niyun.net/v/kuanping-buju.htm

（4）逆云网——网页版面布局的步骤和形式：http：//www.niyun.net/v/banmian-buju.htm

（5）逆云网——对网页布局设计的理解：http：//www.niyun.net/v/2009-5-11/663.htm

（6）逆云网——网页布局的结构类型分析：http：//www.niyun.net/v/2009-2-13/602.htm

第四讲　让色彩更和谐

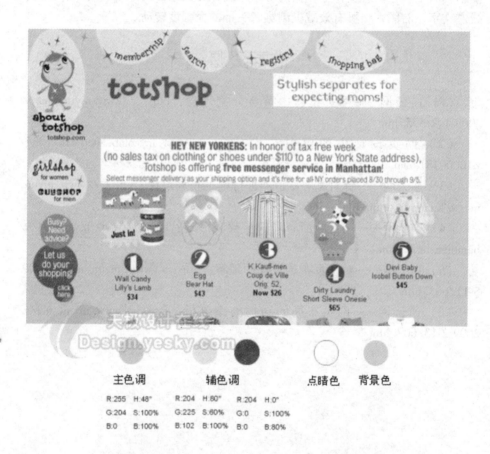

——引自 http://www.totshop.com，http://www.colorcn.com.cn/pic/articleshow.asp? articleid=406

点石成金

色彩是装饰、美化页面、吸引浏览者的主要元素，对于浏览者浏览网页时的心态、情绪、审美感知有重要影响。因此，色彩设计是网页设计的重要内涵。

在网页中巧妙运用色彩不仅是为了美化和装饰网页，更是为了强化内容，增强表现力。因此，不仅色彩彼此搭配要和谐、美观，突出网页主题，色彩与网页所展示的文字或图片内容更要和谐，有助于衬托、突出、强化主题。

能够满足上述要求的颜色搭配模式有多种多样，但同一个网站不宜有过多的配色模式。一个网站应该有自己的主色调，也应该有相对稳定的色彩搭配模式，以便形成自己的风格。熟悉的主色调、熟悉的色彩搭配，可以使浏览者迅速建立视觉——色彩与网站名称、网页内容的联系，对于记住和经常光顾你的网站具有重要意义。

色彩对于网页版块和导航有重要应用。各级标题文字应使用背景色，利用色彩形成提纲，引导浏览者关注重点内容——在页面内容较多时尤其应该如此。

网页正文中文字的颜色不宜有过多的种类，但不要轻视网页背景色设计。像样的网页背景不要干扰前景；前景与背景对比度越强可读性越强。文字和背景的色彩有足够的对比，可使文字更便于阅读。

此外，色彩对人的情绪有较大影响。像样的网页背景色应该不让浏览者感到疲劳、激动、烦躁。

无论你怎样设计，都不可能满足所有浏览者的色彩审美需求，像样的网页应给予浏览者自选色彩的便利。

经验与忠告

（1）缺乏色彩的网页太单调，但过多的色彩却使人眼花缭乱，也不易形成网页的风格。所以同一网页中的文字一般不要超过3种色彩。

（2）同一级标题配相同背景色，不同级别标题配不同的背景色。同一级不同版块内容可配相同背景色或不配背景色。这既有利于导航，也是形成一致的网页风格的需要。

（3）慎用互补色搭配。当互为补色的两个颜色值非常接近的时候——我们无法同时聚焦在这两个颜色之上。

（4）背景总是比前景占得面积更大，在配色时必须考虑二者哪个对视觉的影响更大。在深色背景上配浅色文字不仅会喧宾夺主，还会使人不宜辨认文字，造成视觉疲劳。所以网页背景色要浅、淡，不要使用过深过重的背景色。深红色背景一时使人兴奋，但长期停留在红色背景极易使人视觉疲劳，还会使人烦躁不安，为网页背景色大忌。

（5）"红配黄，喜洋洋"——浅黄色背景配红字、浅红色背景配黄字好看；"红配绿，赛狗屁"——浅绿色背景配红字、浅红色背景配绿字很难看。

（6）在色彩运用方面，还要注意民族习惯和禁忌。注意吸取一些优秀平面设计作品民俗画（如杨柳青年画）的精髓。例如，在传统的色彩设计中，喜庆、欢快主题多用红黄色和亮色，悲伤的主题用黑色、蓝色等。另外，黑色令人想到污染，绿色令人感到环保……我国许多政府网站，大量使用红色代表政府形象等。

技术补习

大型商业网站更多运用的是文字以黑色、红色为主，而背景用白色、蓝色、绿色、灰色等，使得网页显得典雅，大方和温馨。一般地，网页的背景色应该柔和，以浅色、淡色为主，如浅灰、浅绿、浅蓝、浅黄、浅橙等。再配上深色的文字，使人看起来自然、舒畅。

一、色彩的选择与搭配

在 Dreamweaver 的拾色器（图 4 - 1）中，一般选择 99、cc、Ff 色区右下角的一些颜色。注意，Dreamweaver 模式的拾色器只显示了 216 种网页安全色，此外有许多色彩可用于网页背景，在拾色器中却没有显示。表 4 - 1 是一些可用的背景色。

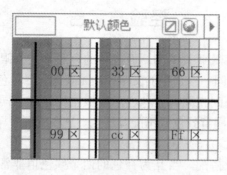

图 4 - 1

表4-1　网页背景色可选颜色值

颜色值构成形式	建议颜色值范围	颜色值举例	颜色效果
#xyffff	> #b0ffff	#b9ffff	浅青
#ffxyff	> #ffb0ff	#ffb3ff	浅橙
#ffffxy	> #ffffb0	#ffffbb	浅黄
#ffxyxy	> #ff8080	#ffa0a0	浅红
#xyffxy	> #80ff80	#98ff98	浅绿
#xyxyff	> #8080ff	#ccccff	浅蓝
#xxxxxx	> #cccccc	#dddddd	浅灰
#fxfyfz	x、y、z 均在 0~f 之间	#f2faf9	浅彩

而为了追求醒目的视觉效果，可以为标题使用较深的颜色。表4-2色彩搭配会有不错的效果，可供参考。

表4-2　可用的一些颜色搭配

颜色值	用法与搭配
#F1FAFA	正文背景色，淡雅
#E8FFE8	标题背景色
#E8E8FF	正文背景色，文字配黑色
#8080C0	配黄、白色文字
#E8D098	配浅蓝色或蓝色文字
#EFEFDA	配浅蓝色或红色文字
#F2F1D7	配黑色文字素雅，如红色则醒目
#336699	配白色文字
#6699CC	
#66CCCC	
#B45B3E	配白色文字，可做标题
#479AC7	
#00B271	
#FBFBEA	
#D5F3F4	
#D7FFF0	配黑色文字，可做正文
#F0DAD2	
#DDF3FF	

另外，浅绿色底配黑色文字，或白色底配蓝色文字都很醒目，但前者突出

背景，后者突出文字。

二、色彩的文字表示

许多色彩都有对应的名称，必要时可以使用名称来取代"#rrggbb"格式的颜色值，更方便。表4-3列出了一些常用的色彩的英汉名称及其对应的颜色值，供参考。

表4-3 一些色彩英汉名称及其对应颜色值

色彩名称	英文词	对应色值
白色	white	#ffffff
黑色	black	#000000
红色	red	#ff0000
绿色	green	#00ff00
蓝色	blue	#0000ff
黄色	yellow	#ffff00
橙色	orange	#ff00ff
褐色	tan	#d2b48c
紫色	purple	#800080
青色	cyan	#00ffff
橄榄	olive	#808000
栗色	maroon	#800000
海蓝	navy	#000080
灰色	gray	#808080
银白	silver	#c0c0c0
金色	gold	#ffd700
天蓝	skyblue	#87ceeb

三、给浏览者自选色彩的权力示例

1. 用表单单选按钮选背景色

技术要点：在网页中插入表单，可不指定method和action属性值，其中，先输入几组表示网页背景色的文字，每组的后边插入一个单选按钮，在每一个按钮标记代码中加入单击（on click）属性设置为：ONCLICK = " document. bgColor ='对应背景颜色值'"。

例如，把如下代码加入＜body＞区域中，可使浏览者在银色、板灰、天蓝、亮绿、亮蓝、白色六种背景色中选一。

＜FORM METHOD＝"POST" NAME＝"bgcolor"＞
＜font color＝"#0000FF"＞银色＜/font＞＜input type＝"radio"
name＝"bgcolor"
ONCLICK＝"document. bgColor＝'silver'"＞
＜font color＝"#0000FF"＞板灰＜/font＞
＜input type＝"radio" name＝"bgcolor"
ONCLICK＝"document. bgColor＝'lightslategray'"＞
＜font color＝"#0033CC"＞天蓝＜/font＞
＜font color＝"#0033CC"＞
＜input type＝"radio" name＝"bgcolor"
ONCLICK＝"document. bgColor＝'azure'"＞
＜/font＞
＜font color＝"#0000FF"＞亮绿＜/font＞
＜input type＝"radio" name＝"bgcolor"
ONCLICK＝"document. bgColor＝'lightgreen'"＞
＜font color＝"#0000FF"＞亮蓝＜/font＞
＜input type＝"radio" name＝"bgcolor"
ONCLICK＝"document. bgColor＝'lightblue'"＞
＜font color＝"#0000FF"＞白色＜/font＞
＜input type＝"radio" name＝"bgcolor"
ONCLICK＝"document. bgColor＝'white'"＞
＜BR＞
＜/form＞

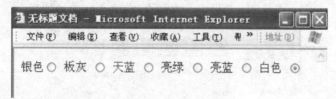

图 4-2

网页刚打开时默认为白色背景，如图 4-2 所示，单击某背景色按钮后，网页背景色发生变化。如图 4-3 所示。

图 4-3

2. 用表单按钮

技术要点：可不插入表单而只插入多个按钮，其值均取汉字背景色名称。而后分别选定各个按钮，在其标记代码中加入单击（onclick）属性设置为：ONCLICK = "document. bgColor = '对应背景颜色值'"。

例如，如下代码在选色前后的对比情况如图 4-4、图 4-5 所示。

< table border = "0" align = "left" cellpadding = "1" cellspacing = "1" >

  < tr >

    < td > 选背景色： </td >

    < td > < form >

      < input name = "b1" type = "button" onclick = "document. bgColor = 'red'" value = "红" / >

      < input name = "b2" type = "button" onclick = "document. bgColor = 'orange'" value = "橙" / >

      < input name = "b3" type = "button" onclick = "document. bgColor = 'yellow'" value = "黄" / >

      < input name = "b4" type = "button"

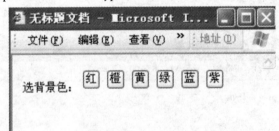

图 4-4

onclick = "document. bgColor = 'green'" value = "绿" / >

      < input name = "b5" type = "button"

onclick = " document. bgColor = 'blue'" value = " 蓝" / >
    < input name = " b6" type = " button"
onclick = " document. bgColor = 'purple'" value = " 紫" / >
      </form > </td >
    </tr >
  </table >

图 4 – 5

3. 用表单下拉菜单

技术要点：在网页中插入下拉菜单，输入多行颜色选项。在菜单代码的 select 标记中，设置 onchange 属性值为 onchange = " document. bgColor = this. options [this. selected Index]. value"。而后为每个菜单项指定对应的颜色值：alue = " xxxxxx"。

把如下代码加入 < body > 区域中，选色前后的对比情况如图 4 – 6、图 4 – 7 所示。

< table border = " 0" cellspacing = " 1" cellpadding = " 1" >
  < tr >
    < td > 选色： </td >
    < td > < form >
      < select name = " clr" onchange = " document. bgColor = this. options [this. selectedIndex]. value" >
        < option value = " blue" > 蓝 </option >
        < option value = " aquamarine" > 蓝宝石 </option >
        < option value = " chocolate" > 巧克力 </option >
        < option value = " darkred" > 暗红 </option >
        < option value = " gold" > 金 </option >
        < option value = " red" > 红 </option >

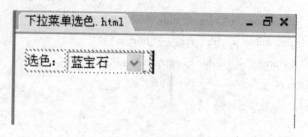

图 4-6

   ＜option value＝"yellow"＞黄＜/option＞
   ＜option value＝"green"＞亮绿＜/option＞
   ＜option value＝"deeppink"＞桃红＜/option＞
   ＜option value＝"salmon"＞橙红＜/option＞
   ＜option value＝"tan"＞褐色＜/option＞
   ＜option value＝"wheat"＞小麦＜/option＞
   ＜option value＝"tomato"＞西红柿＜/option＞
   ＜option value＝"springgreen"＞泉水绿＜/option＞
   ＜option value＝"turquoise"＞绿松石＜/option＞
   ＜option value＝"FFFFFF"＞白＜/option＞
  ＜/select＞
   ＜/form＞＜/td＞
  ＜/tr＞
＜/table＞

图 4-7

4. 动态选择改变网页的背景色（9 选 1）

  技术要点：在网页头部或文档体中创建背景设置函数 MySetBgColor（lst），核心是 if……else if……语句，功能是在 lst 不同情况下，取得不同的 document.bgColor——网页背景颜色值。在网页中用表格插入几个色块（单元格背景色),指定鼠标移入各色块时的指针形状为小手型,(style = "CURSOR:hand")并在单击时调用前面定义的背景设置函数 MySetBgColor(lst):< span onclick = "MySetBgColor(x);even t. cancel Bubble = true" >注意不同单元格给的背景色参数值代号 x 不同。

将以下代码插入 < body > 标记内,读者可对比选色前后的情形(图 4-8、图 4-9)。

```
< script language = "JavaScript1.2" >
  function MySetBgColor(lst) {
    if (lst = = 0) {
      document.bgColor = "#000000" }
    else if (lst = = 1) {
      document.bgColor = "#BD59B6" }
    else if (lst = = 2) {
      document.bgColor = "#9894B1" }
    else if (lst = = 3) {
      document.bgColor = "#008080" }
              ……
    else { document.bgColor = "#c08080" } }
</script >
< table border = "0" cellspacing = "0" cellpadding = "0" >
  < tr >
< td > < font color = "#00FF00" >选背景色:</font > </td >
< td > < table border = "0" cellpadding = "0"
cellspacing = "2" width = "40" bordercolor = "#C0C0C0"
bordercolordark = "#800080" bordercolorlight = "#808080" >
  < tr > < span onclick = "MySetBgColor(0);event.
cancelBubble = true" >
    < td bgcolor = "#000000"
style = "CURSOR:hand" >    </td > </span >
  < span onclick = "MySetBgColor(1);event.
cancelBubble = true" >
      < td bgcolor = "#BD59B6"
style = "CURSOR:hand" >    </td >
</span >
```

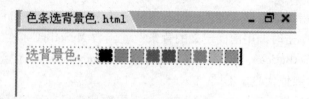

图 4-8

```
< span onclick = " MySetBgColor（2）；event.
  cancelBubble = true" >
< td bgcolor = " #9894B1"
style = " CURSOR：hand" > ； ；</td></span>
< span onclick = " MySetBgColor（3）；event.
cancelBubble = true" >
< td bgcolor = " #008080" style = " CURSOR：hand" >
 ； ；</td></span>
                    ……
< td bgcolor = " #c08080" style = " CURSOR：hand" >
 ； ；</td></span>
</tr></table></td></tr></table>
```

图 4-9

推荐资源

（1）天极网——网页设计中文字颜色的搭配技巧：http：//soft. yesky. com/449/2142949. shtml

（2）百度贴吧——网页色彩搭配：http：//tieba. baidu. com/f?kz = 115314554

（3）华储网——设计师谈网页设计的色彩与风格：http：//www. huachu. com. cn/itbook/bookinfodetail. asp? lbbh = BD111020759&sort = ml&tsmc = % C9% E8% BC% C6% CA% A6% CC% B8% CD% F8% D2% B3% C9% AB% B2

（4）搜易网——网页色彩设计：http：//news.sooe.cn/C/2007-5-29/138939.html

（5）蓝色据点的博客——网页色彩设计：http：//blog.163.com/bluepoint.cc/blog/static/113590152200951692739204/

（6）中国色彩网——网页设计者的色彩：http：//www.cncolor.net/webdesigns.htm

（7）快典网——在线调色板，网页颜色表：http：//kdd.cc/fl/yanse/

第五讲　让图片更实用

——国外一家网站 http://www.porliniers.com/

点石成金

　　"像样儿"的网页要让图片的显示时间尽量短。所以，你必须考虑在图片内容不变的情况下尽可能减少图片的字节数。技术关键无非二者之一：一是减少其实际（而非视觉）长宽尺寸，二是选择合适的文件格式。

　　要使网页"像样儿"就应慎重使用背景图片——大小要适应屏幕尺寸，内容与网页主题密切相关，而且不会影响对前景内容的浏览。

　　但无论是前景和背景，一般无特殊需要都不宜使用巨幅图片，一般应以缩略图引领大图。

　　如果图像的实际尺寸或者字节数很大，为便于浏览者尽快看到图片，提倡对大图片显示指定低品质源，以便使浏览者在看到最终图片之前先看到一幅内

第五讲 让图片更实用

容相关、相似或相同的视觉效果稍差（小尺寸或灰度模式）的图片。

大图片可以通过优化分割成若干小图片以便化整为零依次显示出来，所以，提倡对大尺寸、真彩色图片先优化后使用。

Gif 格式的图片可以实现隔行扫描显示，以节省浏览者等待时间，所以，提倡对 gif 格式图片设置使用交错显示方式。

图像导航栏中有较多图片——经常在 10 幅以上，为节省打开时间，可慎重使用图像导航栏。

网页中普通内容的图片长和宽度通常没有限制，但广告图片尺寸要符合有关规范。否则，一是可能因为图片过大而喧宾夺主；二是很自然地让业内人士觉得"不像样"。

图文混排可以使得网页内容丰富多彩，给浏览者更多的美感。但图文混排时应避免犬牙交错，否则会严重破坏网页的布局美。

经验与忠告

（1）使用图片生动、直观，可减少冗长的文字叙述。

（2）使用图片会占据较大版面。更重要的会增加网页的打开时间。尽管许多用户使用宽带网，但在上网高峰，网络下行传输率往往仍低于 100kbps。有时甚至低于 50kbps。这时，即使网页中只有一幅 20KB 的图片，下载到客户端的时间也在 3 秒以上（20×8/50＞3）。更何况有些用户未使用宽带网，网页中还不止一幅图片！网页打开时间超过 10 秒，许多浏览者就会离你而去！所以，网页中有三幅以上图片时，每幅图片的字节数最好都不超过 15kg。

（3）gif 格式彩色图片最多只有 256 种色彩，而 jpeg 格式却是真彩色，有 2^{24} 种色彩。所以，在长宽尺寸和内容相同的情况下，前者比后者字节数小得多。只要能够满足视觉需要，无疑前者更经济实用。

（4）即使为了强调视觉效果必须使用 jpeg 格式图片，也不必完全保持其 100% 品质。因为许多人的视力分辨不了那么多种色彩，甚至降低其品质也不会感到有明显诧异。所以一般要减低其品质（40%～60%），必要时也可以减少尺寸。

（5）但在色彩数目不足 256 种时，长宽相同的 jpg 格式图片可能比 gif 格式图片字节数还要少。在颜色数目较少时反而应优先使用 jpeg 格式图片。

（6）bmp 格式是字节数最大的位图，所以只有在长宽尺寸非常小（5mm以下）时才使用 bmp 格式图片。

（7）在同等条件下，矢量图格式字节数最少。如果条件具备最好用矢量

51

图——如 png 格式图片。

技术补习

一、图像的优化

优化是调整原始图像存储格式、色彩数目、品质等，在达到基本满意的视觉效果前提下，寻求最小的字节数的操作。可以通过 Fireworks、Photoshop 等图像处理软件完成。以前者处理更方便。

在 Dreamweaver 编辑窗口设计视图下，选中图片，单击属性面板"编辑"类工具第二个按钮，可迅速呈现一个对话框（不必人为启动 Fireworks，如图 5-1 所示），在各个下拉菜单中选取不同格式，在左侧选取或修改参数，可以看到图片视觉效果和字节数的变化。在 2 幅或 4 幅图片中选取视觉效果和字节数较满意的一幅，单击"更新"按钮，优化即完成。

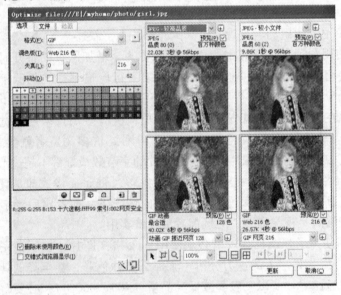

图 5-1

二、在 Fireworks 中优化

与上述操作的不同是必须安装 Fireworks 并启动之。

打开图像文件（如美食 1.jpg），如图 5-2。选择"2 幅"或"4 幅"标

第五讲　让图片更实用

签，可以看到原始大小为 31.39K。打开优化面板，注意其中的可选参数。

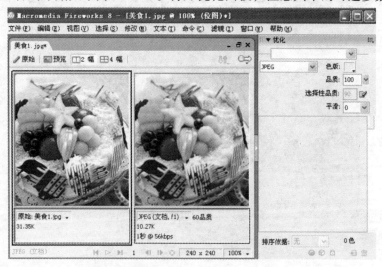

图 5-2

改为 gif 格式，网页最接近 128 色，失真 40%，大小变为 20.94K，视觉效果看不出变化（图 5-3）。在文件格式菜单中，还可以选 gif 动画、png8、png24、png32、tiff8、tiff24、tiff32、bmp8、bmp24、wbmp 等格式。其中，gif、png8、tiff8、bmp8、wbmp 格式的色彩均为 256 色，一般字节数较少。

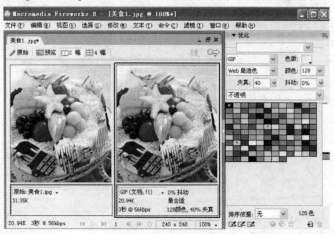

图 5-3

设为 jpeg 较小文件，60% 品质，文件大小变为 10.27K（图 5-4）。
选中优化后的理想格式，在文件菜单执行导出命令，指定新路径和文件名

53

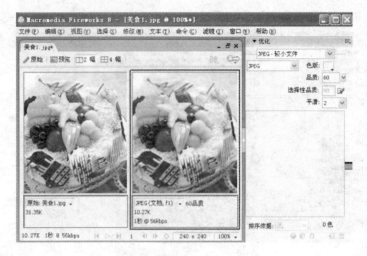

图 5-4

即可。

三、在 Photoshop 中的优化操作

打开图像文件（如美食 1.jpg），执行"文件/存储为 web 所用格式"命令行，选"双联"或"四联"标签，可看到原始大小为 31.35K，另外，还自动给出了一种或三种模式（图 5-5）。

图 5-5

窗口右侧有许多参数可选择设置（图 5-6）。

选择不同，字节数不同。当选择 gif 格式、64 色、20% 耗损只有 27.41K，但视觉上似乎看不出差别（图 5-7）。

单击"存储"按钮，可以将优化后图片以新的格式和显示属性保存到指

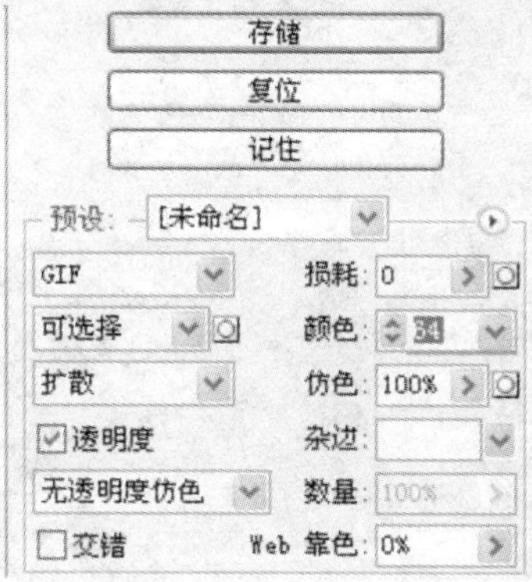

图 5-6

图 5-7

定路径。

四、使用切片将大图片化整为零

使用切片可将一个图像分割成若干小区域,各自成为一个独立图像,便于分别优化、编辑、替换和建立超链接,加快网页打开速度并改善视觉效果。切片的形状可为矩形或多边形。切片编辑工具有矩形工具和多边形工具。所以,对于长宽尺寸较大的图片使用切片技术非常必要。Fireworks、PhotoShop 软件中都提供了切片处理功能。这里以 Fireworks 为例,说明其操作方法。

首先用 Fireworks 打开图片文件(图 5-8)。利用切片工具(左侧工具箱紧邻"web"右下方)绘制多个矩形切片,注意尽量对齐不留缝隙(图 5-9)。

用"部分选择"工具(白箭头图标)选择各个切片,在属性栏可设置各

让你的网页更像样儿

图 5-8

图 5-9

自名称、超链接、替代文字、目标框架、并选择优化格式（图 5-10）。

图 5-10

单击各切片中心的#标志，出现一个菜单，还可从中选择添加行为、添加导航栏、添加弹出菜单等操作。

设置好后执行文件菜单的"导出"命令，可以只导出切片图像文件或连同有关网页文件一起导出，在对话框指定相应参数，单击"导出"按钮即可（图5－11）。

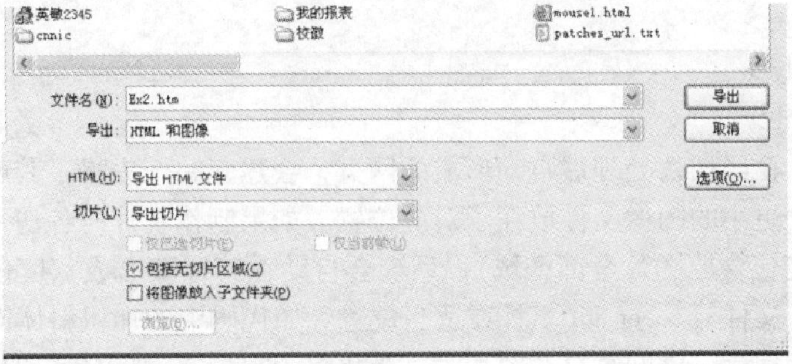

图5－11

由此形成的网页代码核心内容如下。

< html xmlns = "http：//www.w3.org/1999/xhtml" >
< head >
< style type = "text/css" > td img {display：block；} </style>
</head>
< body bgcolor = "#ffffff" >
< table border = "0" cellpadding = "0"
　　　cellspacing = "0" width = "800" >
< tr > < td > < a href = "intrduce1.htm" target = "_blank" >
　　< img name = "fg21" src = "fg21.gif"
　　width = "387" height = "295" border = "0" id = "fg21"
　　alt = "全景1区" / > </a > </td >
< td > < img name = "fg22" src = "fg22.jpg" width = "413"
　　height = "295" border = "0" id = "fg22"
　　alt = "全景2区" / > </td >
< td > < img src = "spacer.gif" width = "1"
　　height = "295" border = "0" alt = "" / > </td > </tr >
< tr > < td > < img name = "fg23" src = "fg23.jpg"
　　width = "387" height = "305" border = "0" id = "fg23"
　　alt = "全景3区" / > </td >
< td > < img name = "fg24" src = "fg24.jpg" width = "413"

height = "305" border = "0" id = "fg24"
　　alt = "全景 4 区" / > </td >
< td > < img src = "spacer. gif" width = "1" height = "305"
　　border = "0" alt = "" / > </td > </tr >
</table >
</body >
</html >

可见，在经切片处理后自动形成的网页，会建起一个表格，其中各切片最终变成尺寸更小的图像文件放在了对应位置。如果制作切片时各切片没有纵横对齐（未能包含原图片全部区域），系统会自动在其缝隙形成宽度仅 1 个像素的间隔图像文件 spaceer. gif 填补在适当位置。如代码中的加粗斜体部分。

如此处理后，该网页打开图片时，会化整为零，逐一将与各切片对应的小图片显示出来，自然减少了用户的等待时间。

五、低品质源（低解析度源）

尺寸大的图片字节数大，下载时间长。为了减少用户等待时间，先将一幅视觉效果较差、内容相关或相似的图片显示给浏览者。等尺寸大的图片下载完了再显示出来——这是一种挽留浏览者的无奈之举。但也是最容易实现的技术手段。在 Dreamweaver 的属性面板可直接指定。或由 img 标记的 lowsrc 属性指定。如：

< img src = "myhome/da2. jpg" width = "104" height = "140" lowsrc = "myhome/da2. gif" / >

为了网页内容的一致性，低品质源一般应为尺寸相同的彩色图片的灰度图。

六、采用图像的交错显示模式

gif 图像有两种显示模式——普通（normal）模式和交错/交织（interlaced）模式。后者更适用于网络传输。在传送图像过程中，浏览者先看到图像一个大略的轮廓然后再慢慢清晰。png 也采取了 interlaced 模式，使图像得以水平及垂直方式显像在屏幕上，加快了下载的速度。

在 Fireworks 中打开 gif 格式图像文件或优化为 gif 格式后，单击优化面板右上角菜单，从中选择"交错"，保存或导出即可。

如利用 FrontPage 制作网页，网页中插入图片后，保存网页时，系统会出现"保存嵌入式文件"对话框（图 5 - 12），单击"图片预览"窗格下的图片文件类型按钮，在下一个对话框（图5-13）中选择"gif"单选按钮，在对话框下方会出现"设置"信息，从中选中"交错"复选框，单击确定即可。

图5-12

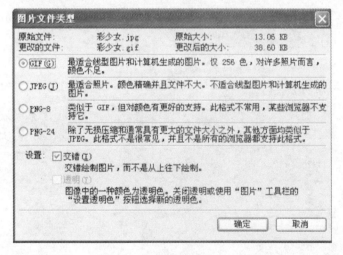

图5-13

推荐资源

（1）模板无忧网——Dreamweaver制作网页之图片应用技巧：http：//www.mb5u.com/jiaocheng/16746.html

（2）蓝色理想——图片垂直居中的使用技巧：http：//www.blueidea.com/tech/web/2008/5827.asp

（3）天极网——运用Photoshop优化网页图片的技巧汇总：http：//design. yesky. com/299/8783799. shtml

（4）Enet 硅谷动力网——妙招：保存网页图片的八种方法：http：//www. enet. com. cn/article/2005/0228/A20050228393 853. shtml

（5）网页教学网——PNG 格式图片优化技巧（网页设计师必读）：http：//www. webjx. com/photoshop/psbase-15283. html

（6）Enet 硅谷动力网——16 个技巧助您做好图片搜索引擎优化：http：//www. enet. com. cn/article/2009/0417/A200 90417 461964. shtml

（7）中国 IDC 圈——SEO 优化技巧？如何优化网页中的图片：http：//www. idcquan. com/seo/7291092. html

（8）月光软件网——加快图片装载速度的技巧：http：//www. moon-soft. com/book/wytxjc4. htm

第六讲　让文字更耐看

——俄罗斯 olenik 的作品，引自 http://bbs.fevte.com/thread-3540-1-1.html

点石成金

有些设计者总喜欢让文字多一些花样儿。以至于一个网站中的字体五花八门。甚至在一个网页中的字体、字号就有十来种之多。殊不知这样恰恰给浏览者造成了凌乱不堪的感觉，也不利于形成网页的风格。你的网站在字形、字号设计上可以或应该有自己的模式和风格。并将这种模式或风格贯穿于网站的所有网页。但在一个网页中，字体、字号都不要超过3种。比如，大标题、小标题、正文分别采用不同的字体或字号就可以了。

还有，浏览者客户端的显示器能否按照你的设计显示网页字体，取决于人家的电脑是否安装了相应的字库。如果你采用过于怪异的字体，人家很可能不仅感受不到网页的别致，反而却看不到网页内容。所以网页要像样就不要使用怪异字体，防止在用户机上不能显示。

在极端的情况下，网页中的文字过多或过少。行间距、段间距不加设计都会觉得不美观。像样的网页应该有效控制行间距、段间距。

一般地说，文字不能取代图像。但使用滤镜后，文字可呈现像图像一样的许多特殊效果，艺术表现力大大增强，字节数却比图片小得多，所以，如果处理得好，使用文字反而更经济。反过来，手写体文字图片比印刷体文字更有个性。所以，文字完全可以借鉴图片优势，以更巧妙的形式展示出来。

应该说，在网页中，CSS（层叠样式表）技术是装饰和美化文字的关键。使用脚本语言也可以改变字体的外观。

不同用户的视力和对色彩的偏好不同，在不破坏布局美的情况下，应该给用户选择文字大小和颜色的自由。

经验与忠告

（1）宋体9磅字在网页中最好看，所以，绝大多数网页的正文都采用这一设计方案。尽管对有些人来说这样的字号有些小。

（2）网页文字一般选择最普通、最常见的字体。汉字以宋体、黑体为宜，西文以 Times New Roman 为主。你可以设置较为别致的字体，但要防止用户机因没有安装（或已经删除）较特殊的字体而不能显示。指定字体时，在特殊的字体后应再指定两种以上字体，其中，务必包括一种最常用（如宋体、Times New Roman）字体。

（3）较小（五号字或10磅以下）的楷体字轮廓往往不平滑，不宜看清。

所以，不提倡在网页中使用。

（4）把文字置于层中，套用滤镜可以使文字呈现丰富多彩的效果。这是装饰和美化网页文字的关键。

（5）利用<marquee>标记可以制作字幕——使文字动起来。

（6）如果不加控制，用户在浏览网页时，完全可以改变网页中文字的大小以满足自己的视觉偏好。例如，在 IE 浏览器用户可以通过"查看/文字大小……"菜单选择"最大/较大/中/较小/最小"之一种字体大小。这样很可能会破坏你的网页布局设计，必要时你应该进行预格式化处理。

技术补习

一、预格式化处理

有些网页在用户用查看菜单自行改变文字大小后，页面布局就混乱不堪，对比图 6-1、图 6-2，图 6-2 页面左侧文字已不再整齐，右侧的文字已特别拥挤，而且随着文字变大字迹很淡。这是没有做预格式化处理的结果。

图 6-1

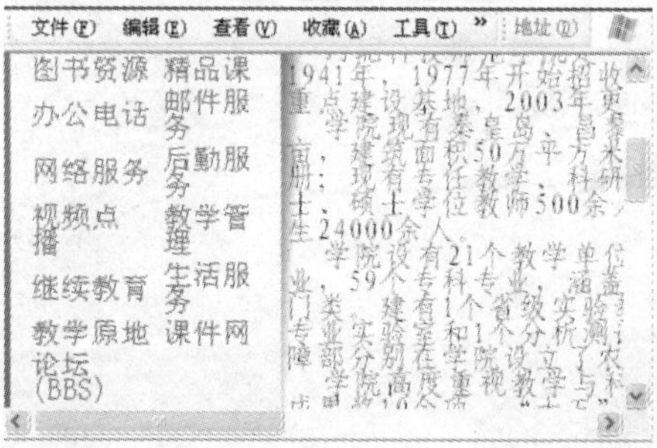

图 6-2

未作预格式化处理还可能出现图6-3、图6-4所示的情况——改变浏览窗口宽度，段落行数将发生改变。

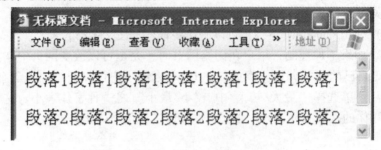

图6-3

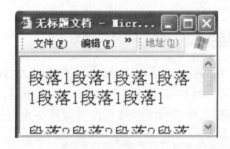

图6-4

预格式化处理可以使网页只能按照设计者的原始设计效果（字号、行数）显示，用户用查看菜单重设文字大小无效，改变浏览器窗口左右边框宽度时，显示的行数也不变。在网页编辑窗口输入文字后选中，在属性面板格式一栏先设为"预格式化的"（图6-5），再设置字体、字号可避免以上尴尬。

图6-5

二、使用CSS

在Dreamweaver中，打开CSS面板，单击新建CSS规则（右下角右起第三个）按钮，选择其类型（类/标签/高级），输入样式名称（如sty1），单击

"确定"按钮后,进入一个对话框(图6-6),

图6-6

从中设置需要的属性值或选项,可定义一种样式。其设置结果在CSS面板可见(图6-7)。

图6-7

图6-6中分类一栏,较常用的分类说明如表6-1。其中,扩展一类对于装饰和文字有重要意义,见表6-2。这里给出使用了CSS的几个特例。

65

让你的网页更像样儿

表 6-1

序号	分类	意 义
1	类型	用于文本一般参数设置
2	背景	为网页、表格及其单元格、文字（段落）、表单元素设置背景色、背景图像
3	区块	决定段落中的文本的显示外观
6	列表	用于改善文本列表的外观
8	扩展	设置各种滤镜和特效

表 6-2 文字常用滤镜参数表

滤镜名	意 义	常用参数	取值范围
Gray	灰度模式效果	无	
Invert	反相（与原色相反的色彩）效果	无	
Xray	X 光片效果（反相后的灰度图）	无	
Mask	蒙板/遮罩效果	蒙板颜色 color	颜色值
Shadow	阴影效果	阴影颜色 color	颜色值
		阴影方向 direction	0 ~ 360
Drop shadow	投影效果	投影颜色 color	颜色值
		投影方向 direction	0 ~ 360
Glow	外发光/光晕效果	光晕颜色 color	颜色值
		发光强度 strength	
Wave	波纹效果	波纹频率 Freq	正整数
		亮度与深浅 Lightstrength	0 ~ 100
		偏移量 Phase	0 ~ 100
		强度/振幅 Strength	0 ~ 100

1. 让文字带上背景色：绿底红字

首先建立样式.beijing，在网页头部有以下代码。

```
<style type = "text/css">
.beijing{
    font-size：20px；color：#FF0000；
    background-color：#00FF00；
}
</style>
```

而后，在 <body> 标记适当位置插入以下代码即可。外观如图 6-8。

<span class = "beijing">带背景色</span>

普通文字带背景色向上偏移
　　　　　　　　向下偏移

图 6－8

2. 文字有上下偏移

在头部定义三个样式,.dingweiup 用于控制上偏移量,相对向上 10 像素,#down 用于控制下偏移量——相对向下 10 像素,.style6 用于控制字体大小。核心代码如下：

<head>
<style type = "text/css">
.dingweiup {
　　position：relative；top：-10px；
　　font-size：20px；color：#0000FF；
　　left：0px；right：0px；
　　overflow：hidden；
　　margin：0px；padding：0px；
　　height：auto；width：auto；
}
#down {
　　font-family:"宋体"；font-size：20px；color：#FF0000；
　　position：relative；
　　height：auto；width：auto；
　　left：0px；top：10px；
}
.style6 {font-size：20px}
</style>
</head>
<body>
<div id = "Layer2" style = "position：absolute；left：30px；top：46px；width：357px；height：36px；z-index：2">
<span class = "style6">普通文字</span>
<span class = "dingweiup">向上偏移</span>
<span id = "down">向下偏移</span> </div>

</body>

3. 文字的滤镜效果

需要把文字输入到层中,如图 6-9 所示。注意,不要为层添加背景色。

图 6-9

可实现投影、阴影、外发光(光晕)效果,如果文字层下面有图片,也可以为之设置蒙板效果(图 6-10)。图中呈现的波浪效果是图片(而非文字)套用波浪滤镜的效果。文字层也可套用波浪滤镜。图中将用到的滤镜定义了若干个 CSS 样式,这里分别给出各自代码:

图 6-10

(1) 蒙板滤镜样式——蒙板呈黄色

.mas{filter:Mask(Color=yellow);}

(2) 投影滤镜样式

.drsh{

font-family:Georgia,"Times New Roman",Times,serif;

font-size:36mm;font-weight:bolder;

cursor：default；

filter：DropShadow（Color＝0099ff，OffX＝8，OffY＝8，Positive＝1）；

}

（3）阴影滤镜样式——绿色阴影，135度（左下）方向

.shdd｛

font-family：Arial，Helvetica，sans-serif；

font-size：3cm；font-weight：bold；

cursor：default；

filter：Shadow（Color＝00ff00，Direction＝135）；

}

（4）发光滤镜样式——红光，强度3

.faguang｛

font-family:"宋体"；font-size：60pt；

font-weight：bold；

filter：Glow（Color＝red，Strength＝3）；

}

（5）波浪效果的文字（图6-11）

图6-11

其滤镜样式说明代码中包含了字体、颜色等说明，核心是"filter："后面的信息：频率为3，亮度60，偏移量45，强度40

.bolang｛

font-family:"宋体"；font-size：70px；

font-style：normal；font-weight：bold；

color：#0000FF；cursor：auto；

filter：Wave（Add＝true，Freq＝3，LightStrength＝60，Phase＝45，Strength＝40）；

}

而后建立层，输入波浪二字，套用该样式即可。

＜div class＝"bolang" id＝"Layer1"＞波浪＜/div＞

4. 滤镜叠加（图6-12）

滤镜的叠加

图6-12

以发光、投影、反相效果的叠加为例，在网页头部<head>标记内创建样式——插入以下代码，注意样式.STYLE7中几个滤镜的说明都放在一个"filter:"后，其间用一个逗号和一个空格作为分隔符。

<style type="text/css">
<!--
.STYLE7{font-size: 40px; color: #0000FF; filter: Glow (Color=0022ff, Strength=5), Drop Shadow (Color=00ff66, Direction=135), Invert;}
-->
</style>

然后在<body>标记内插入以下代码。注意文字放在层（div标记）中，再套用.STYLE7样式。

<div class="STYLE7" id="Layer1" style="position: absolute; left: 15px; top: 167px; width: 206px; height: 52px; z-index: 1">滤镜的叠加</div>

5. 文章首字下沉

这里采用另外一种做法，没有专门命名样式，直接将样式说明信息放在了层标记中，下沉的文字为"请"字。

<DIV style="FONT-SIZE: 12px; LINE-HEIGHT: 14px"> <SPAN style="FONT-SIZE: 24px; LINE-HEIGHT: 28px; FLOAT: left;">
<B>请</B></SPAN>在此填写文字内容，然后看效果！</DIV>

三、用脚本代码控制文本属性的变化

用脚本代码相应鼠标动作，控制文本属性的变化，也是很常用的操作。这里给出几个例子。

1. 可调整大小的文字

用户单击页面上的"大"、"中"、"小"字样即可选择自己需要的字号。如图6-13、图6-14、图6-15，分别为原始、选大字、选小字效果。HTML代码为：

<head>
<title>可调整大小的文字</title>

第六讲　让文字更耐看

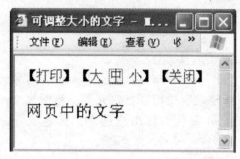

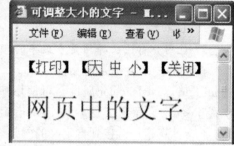

图 6 – 13　　　　　　　　　　　　图 6 – 14

< script language = "JavaScript" >
function doZoom（size）
{
document. getElementById（'zoom'）. style. fontSize = size + 'px';
}
</ script >
</ head >
< body >
< p >

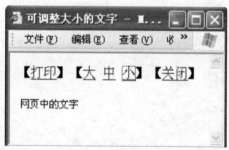

图 6 – 15

【< a href = "javascript：window. print（）" >打印</ a >】
【< A href = "javascript：doZoom（32）" >大</ A >
< A href = "javascript：doZoom（20）" >中</ A >
< A href = "javascript：doZoom（12）" >小</ A >】
【< a href = "javascript：window. close（）;" >关闭</ a >】　</ p >
< table align = "left" >
　< tr > < td id = "zoom" >网页中的文字</ td > </ tr >

71

让你的网页更像样儿

```
</table>
</body>
```

2．让用户自己选择网页中文字的颜色

此例的技术关键是定义函数 chgclr（id，color），主要通过 document 对象的 all［id］.style.color 属性，可使用户指定颜色应用于指定元素。将网页文字置于<div>标记（层）中，并指定其 id 属性。将用户选定的颜色文字（红、绿、蓝等）链接到自定义的函数。

```
<head>
<meta http-equiv="Content-Type" content="text/html;
    charset=gb2312"/>
<title>选择网页文本颜色</title>
<style type="text/css">
<!--
#p1 {
    font-size：16px；color：#000000；
    position：absolute；left：6px；top：54px；
}
-->
</style>
<script>
var xpos，ypos；
function chgclr（id，color）{
document.all［id］.style.color=color；
}
</script>
</head>
<body bgcolor="eeeeee">
<p>文本选色：
<a href="javascript：chgclr（'p1'，'red'）">红</a>
<a href="javascript：chgclr（'p1'，'green'）">绿</a>
<a href="javascript：chgclr（'p1'，'blue'）">蓝</a>
<a href="javascript：chgclr（'p1'，'black'）">黑</a>
<div id="p1"">
    <p>网页中的一段文字</p>
```

　　　　<p>网页中的另一段文字</p>
</div>
</body>
编辑窗口显示效果如图 6-16。浏览效果如图 6-17。

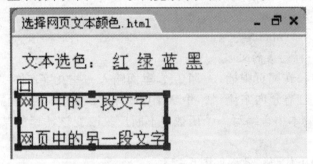

图 6-16

3. 鼠标移入即闪烁变色的文字
由如下代码实现。核心部分为 Vbscript 脚本——画线语句。
< html > < font face = Verdana > < head >
< meta http-equiv = "Content-Type"
content = "text/html; charset = gb2312" >
< title > 网页特效
< font face = Verdana > 点击变色的链接文字 </ font > </ title >
</ head >

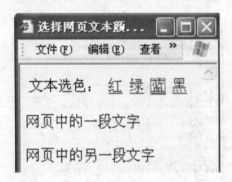

图 6-17

< body >
< font face = Verdana > < p onMouseMove = "hello（）" >
将鼠标移到这里看看 < p > < p > </ p >

```
< script language = "VBScript" >
sub hello
document. fgColor = int （256 * 256 * 256 * rnd）
end sub
< /script >  < /font >
< /body >  < /html >
```

4. 水波一样荡漾的文字

技术要点：在网页中插入一个层，里面输入一些文字，如"问君能有几多愁，恰似一江春水向东流。"，并设置 CSS 样式，其中，使用滤镜（如 wave 滤镜）。通过脚本语言编写一个函数，不断反复改变该滤镜的某个参数（如 strength）值。

例如，以下代码，效果如图 6 – 18。

```
< HEAD >
< META NAME = "GENERATOR"  Content = "Microsoft Visual Studio 6.0" >
</HEAD >
<BODY >
< SCRIPT language = JavaScript >
function chwave（）
{if （oFilterDIV. filters. item （"wave"）. Strength = =2）
    {oFilterDIV. filters. item （"wave"）. Strength =3；
    }
```

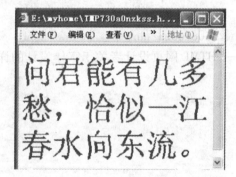

图 6 – 18

```
else
    {oFilterDIV. filters. item （"wave"）. Strength =2；
```

        }
    }
    setInterval（"chwave（）"，200）；
    </SCRIPT>
    <DIV ID="oFilterDIV"
    STYLE="position：relative；width：330；height：50；
    filter：wave（Add=0，Freq=5，LightStrength=10，
    Phase=1，Strength=3）">
    <font color="#FF0000" size=30>问君能有几多愁，
    恰似一江春水向东流。</font>
    </DIV>
</BODY>

推荐资源

（1）Js 码网——文本特效：http：//www.jscode.cn/jave_text/
（2）7stk 网页特效代码网——文字特效：http：//www.7stk.com/wenzi/wenzi.htm
（3）博客网页特效代码集锦——文本特效：http：//blog.bioon.com/js/js.asp?jscat_id=8
（4）代码天空网——文本特效：http：//www.codesky.net/article/doc/200508/200508115422220.htm
（5）中国教程网——《网页设计技巧》系列之浅谈文本排版：http：//www.jcwcn.com/article/2008/0625/htmlcss_30540.html
（6）百度空间——HTML 网页设计者关于字体设计的详细讲解：http：//hi.baidu.com/htmlhome/blog/item/dbd4.html

第七讲 有个像样儿的导航栏

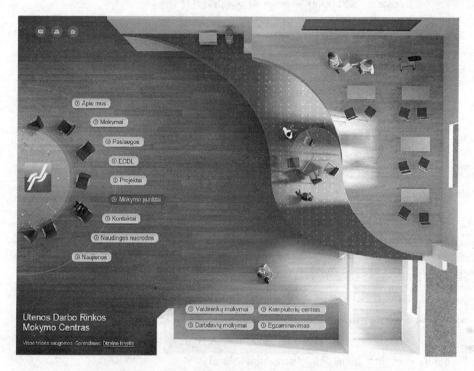

——引自网页设计师联盟网 http://www.68design.net/Appreciate/

点石成金

一个网站往往有上百乃至数百个以上的网页，一个网页就长达好几屏幕。如何让浏览者尽快找到自己需要的信息和服务——导航是关键，像样的网页必须重视导航设计，必须有像样的导航设计。

导航设计的关键是直观、简洁，容易识别，容易理解，避免二义性。为了给浏览者提供更多的方便，明确你的设计意图，你必须注意给浏览者足够多的提示。

网站的导航模式很多，传统的导航模式有：
①文本导航栏；
②图片导航栏；
③多个跳转菜单导航；
④网站地图导航；
⑤专用导航框架网页导航；
⑥可折叠的目录列表导航。

另外，还有通过脚本语言实现的导航设计。

菜单导航最简洁。如果网站的网页少，链接不是太多，应首选菜单导航。

这时候，为了让浏览者尽快发现和利用这个导航栏。导航菜单就应放在网页的醒目位置。

但是菜单的层次不宜过多。导航菜单不要超过三级。

对于大型网站，网页可达千个以上，用菜单导航不现实。有些网站主页甚至完全被导航文本占用。这不是理想的做法，为了让浏览者了解您的网站概貌，你可配置网站地图。

但无论是哪种设计，各网页的导航模式要一致——既便于用户浏览，也是网页风格的需要。

经验与忠告

（1）没有导航设计、各网页导航模式不一致的网站都是蹩脚的网站，是网页设计的大忌。

（2）导航文本可以整齐划一，但更重要的是要简洁明了。仅有"关于"二字的导航文本太荒唐。

（3）菜单导航比文字导航更直观。

（4）一般不把导航菜单放在网页的第一行，第一行通常放置检索或注册表单，下面放网站 Logo 和网站横幅（名称）、口号等，再下面才是导航菜单。

（5）可在图片或其热区设置导航菜单，效果更佳。

（6）当导航文本、图片、热区不宜理解或识别时，应该用对象的 alt 属性设置予以提示。

（7）可用 Dreamweaver 中的弹出菜单行为设置导航效果。

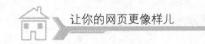

（8）可以用层和行为（显示隐藏层）设置产生多级菜单效果。

技术补习

一、使用图像映射

对于反映地理或区域信息的网页，图像映射是非常实用的导航形式。技术核心是在图片建立热区，每个热区建立一个超链接。这在天气预报或旅游景点介绍网页用的非常普遍。必要时加上鼠标移入或移出时显示隐藏层的行为，可使其信息量更大。如图7－1、图7－2所示效果。

图7－1

二、Dreamweaver中的弹出菜单行为设置

在页面上插入图片，绘制热区并选中，打开行为面板，为该热区添加"显示弹出式菜单行为"，出现对话框，自动进入内容标签，从中输入菜单文本或名称及其链接URL（图7－3）。

注意，选中某菜单项，单击其右缩进按钮，可使之成为子菜单。如图7－4。

外观标签可设置菜单文字、表格的样式，可呈水平或垂直放置。如图7－5。

第七讲　有个像样儿的导航栏

图 7-2

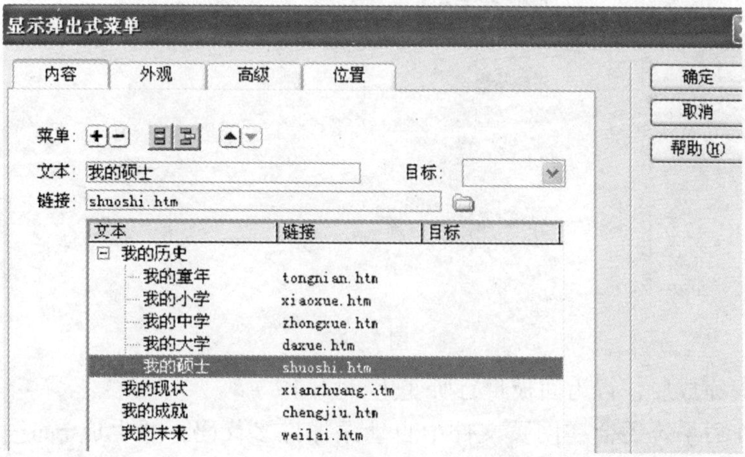

图 7-3

在"高级"标签可设置单元格的大小、边距、色彩属性。如图 7-6。其中菜单延迟参数，指的是鼠标移入后菜单在多长时间（单位：ms）后出现。

在"位置"标签，可设置菜单出现在热区的哪个方位。有右下方、正下方、正上方、右上方等几个选项（如图 7-7），通过 x 和 y 参数，可以设计具体菜单偏离热区的距离（单位：像素）。

图7-4

图7-5

设置完成后，行为面板将有所变化。如图7-8。

操作后系统还会在网页文件中自动添加许多代码，并生成mm_menu.js程序。预览效果时子菜单的位置和色彩有些不尽人意（图7-9），需要人为调整一些参数的设置。如将window.mm_menu_0808094619_0（主菜单项）和window.mm_menu_0808094619_0_1（子菜单）中的色彩设为不同值。以下两段代码将主菜单文本、背景的颜色设置与子菜单对调了（粗体）。较高级的设置可能要修改mm_menu.js程序。

子菜单的有关设置——
window.mm_menu_0808094619_0_1=

第七讲　有个像样儿的导航栏

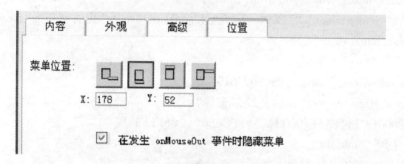

图 7 – 6

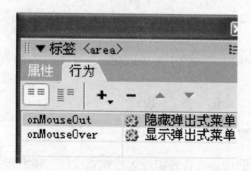

图 7 – 7

图 7 – 8

new Menu（"我的历史"，84，22，"宋体"，16，
"#ff0000"，"#00cc33"，"#FFFF33"，"#FFCC66"，
"left"，"middle"，

81

让你的网页更像样儿

图7-9

3,0,200,20,25,

true,false,true,10,true,true);

　　mm_ menu_ 0808094619_ 0_ 1.addMenuItem("我的童年","location = ′tongnian.htm′");

主菜单有关设置：

window.mm_ menu_ 0808094619_ 0 =

new Menu("root",84,22,"宋体",16,

"#00CC33","#FF0000","#FFCC66","#FFFF33",

"left","middle",

3,0,200,-5,7,

true,false,true,10,true,true);

mm_ menu_ 0808094619_ 0.addMenuItem(mm_ menu_ 0808094619_ 0_ 1);

mm_ menu_ 0808094619_ 0.addMenuItem("我的现状","location = ′xianzhuang.htm′");

预览后效果发生变化（图7-10）。

三、几个实例分析

要做出更别致的菜单，往往需要进行样式设计，还常常加入脚本代码。看下面几个例子。

1. 半透明菜单式导航栏

浏览效果如图7-11。对应代码：

＜li class = "menu2" onMouseOver = "this.className = ′menu1′"

onMouseOut = "this.className = ′menu2′"＞风格

第七讲　有个像样儿的导航栏

图 7 – 10

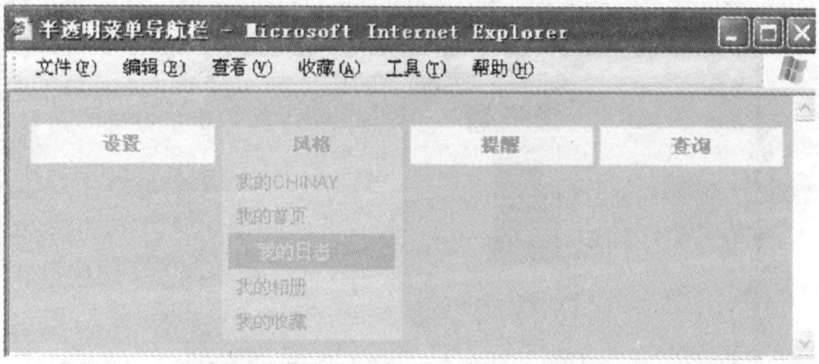

图 7 – 11

　　< div class = "list" >
　　　< a href = "#" >我的 CHINAY </a > < br / >
　　　< a href = "#" >我的首页 </a > < br / >
　　　< a href = "#" >我的日志 </a > < br / >
　　　< a href = "#" >我的相册 </a > < br / >
　　　< a href = "#" >我的收藏 </a > < br / >
　　</div >
　　</li >

　　注意：本例所有菜单项都放在一个层中（图 7 – 12）。而每一个主菜单项实为一个列表（图 7 – 13），而某主菜单项下的子菜单实为一个子层（图 7 – 14）。

　　对应代码为：
　　< div class = "list" >
　　　< a href = "#" >我的 CHINAY </a > < br / >
　　　< a href = "#" >我的首页 </a > < br / >

83

让你的网页更像样儿

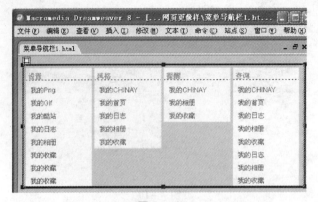

图 7-12

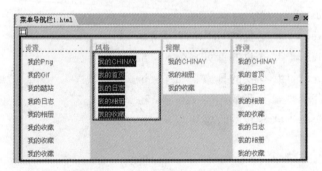

图 7-13

图 7-14

< a href = "#" >我的日志</a> < br / >
< a href = "#" >我的相册</a> < br / >
< a href = "#" >我的收藏</a> < br / >
</div>

但对于列表的样式做了特别设置：
ul, li {

```
        margin: 0px; padding: 0px;
}
    li {
        display: inline; list-style: none;
        list-style-position: outside;
        text-align: center;
        font-weight: bold; float: left;
}
```

注意其中非常关键的"list-style: none"——已经取消了项目列表前面的黑点、圆饼或圆圈符号。让人感到不是列表了。另外，事先为各列表设置好两个样式 .menu1 和 .menu2，指定在鼠标移入（onmouseover）列表项时，按照 menu1 样式显示，移出（onmouseout）时按照 .menu2 样式显示。而 .menu1 中使用了透明滤镜，指定了一定的透明度（filter: Alpha (opacity = 30)）。另外，在两种样式中，都指定了鼠标指针的形状为小手型（cursor: hand）。

```
    .menu1 {
        width: 120px; height: auto;
        margin: 6px 4px 0px 0px; border: 1px solid #9CDD75;
        background-color: #F1FBEC; color: #336601;
        padding: 6px 0px 0px 0px;
        cursor: hand;
        overflow-y: hidden;
        filter: Alpha (opacity = 30);
        -moz-opacity: 0.7;
}
    .menu2 {
        width: 120px; height: 18px;
        margin: 6px 4px 0px 0px;
        background-color: #F5F5F5; color: #999999;
        border: 1px solid #EEE8DD; padding: 6px 0px 0px 0px;
        overflow-y: hidden;
        cursor: hand;
}
```

当然，可以用其他手段作出同样效果的菜单。比如，将4个主菜单项分别作为一个子层嵌入一个大层中，再将各个主菜单项的子菜单分别做成一个层，而后为每个主菜单项子层指定行为：鼠标移入时显示其子菜单层，移出时隐藏其子菜单层即可。

2. 多层重叠菜单，鼠标移入时激活

在头部先建立起几个样式备用。各样式的名称与作用见表7－1。

表 7－1

样式名	作　用	套用对象
alpha	透明滤镜	
td1	字体大小	鼠标移入前子菜单选项文字
td2	背景色、指针形状	鼠标移入后子菜单选项文字
mask1	隐藏层	总体层
cardtitle	主菜单标题样式	菜单标题文字
cardbottom	菜单底层样式	总层、菜单标题与选项子层

在网页内设一个总层，每一项主菜单再设置一个层，层内嵌套着一个子层，子层内安置了两个表格，前一个表格放子菜单，后一个表格放菜单名称。注意画线代码段。有几个主菜单就有类似划线部分的几个代码段。另外，其中还创建和应用了几个函数，见代码中的说明。最终在网页内将呈现类似图7－15的形式。

图 7－15

< HTML > < HEAD > < TITLE > 多层重叠菜单 < /TITLE >

```
<META content = "text/html; charset = gb2312"
http-equiv = Content-Type >
    <STYLE type = text/css >
    .alpha {FILTER: Alpha (Opacity = 80)}
    .td1 {FONT-SIZE: 12px}
    .td2 {BACKGROUND-COLOR: #ccffff; CURSOR: hand;
FONT-SIZE: 12px}
    .maskl {OVERFLOW: hidden}
    .cardtitle {
        BORDER-BOTTOM: black 0px solid; BORDER-LEFT:
black 0px solid; BORDER-RIGHT: black 1px solid;
BORDER-TOP:
black 1px solid; CURSOR: default; FONT-SIZE: 12px;
TEXT-INDENT:
4pt}
    .cardbottom {BACKGROUND-COLOR: #99ccff;
BORDER-BOTTOM:
black 1px solid; BORDER-LEFT: black 1px solid;
BORDER-RIGHT:
black 1px solid; BORDER-TOP: black 0px solid; FILTER:
Alpha (Opacity = 90)
        }
</STYLE>
<SCRIPT language = Jscript >
//建议使用 IE5.0 以上应用本代码.
//用数组来存储多个 timeOut 标识.
tBack = new Array (5);
tOut = new Array (5);
//激活当前选项卡.
function menuOut (whichMenu) {
var curMenu = eval ("menu" + whichMenu);
    curMenu.runtimeStyle.zIndex = 6;
    clearTimeout (tBack [whichMenu]);
    moveOut (whichMenu);
```

```
}
//恢复初始状态.
function menuBack (whichMenu) {
var curMenu = eval ("menu" + whichMenu);
    curMenu. runtimeStyle. zIndex = curMenu. style. zIndex;
    clearTimeout (tOut [whichMenu]);
    moveBack (whichMenu);
}
//移动当前选项卡
function moveOut (curNum) {
var curMenu = eval ("menu" + curNum);
    if (curMenu. style. posLeft > 0) {
    curMenu. style. posLeft- = 2;
tOut [curNum] = setTimeout ("moveOut ('" + curNum + "')", 1);
        }
}
//移回选项卡.
function moveBack (curNum) {
var curMenu = eval ("menu" + curNum);
    if (curMenu. style. posLeft < 30) {
        curMenu. style. posLeft + = 2;
    tBack [curNum] = setTimeout ("moveBack ('" + curNum + "')", 1);
        }
}
//鼠标移过时改变表格单元式样.
function swapClass () {
var o = event. srcElement;
    if (o. className = = "td1") o. className = "td2"
        else if (o. className = = "td2") o. className = "td1";
}
document. onmouseover = swapClass;
document. onmouseout = swapClass;
</SCRIPT>
< META content = "MSHTML 5. 00. 2920. 0"
```

```
        name = GENERATOR > </HEAD >
    < BODY >
     < DIV class = maskl id = menuPos
     style = "HEIGHT: 216px; LEFT: 31px; POSITION: absolute; TOP:
26px; WIDTH: 132px; Z-INDEX: 1" >
     < DIV id = menu1 onmouseout = menuBack（1）
onmouseover = menuOut（1）
       style = "HEIGHT: 20px; LEFT: 30px; POSITION: absolute; TOP:
0px; WIDTH: 130px; Z-INDEX: 1" >
     < DIV class = cardbottom id = Layer1
       style = "HEIGHT: 115px; LEFT: 0px; POSITION: absolute; TOP:
17px; WIDTH: 100px; Z-INDEX: 1" >
     < TABLE align = center border = 0 height = "100%" width = 75 >
       < TBODY >
         < TR > < TD class = td1 > 选项一 </TD > </TR >
         < TR > < TD class = td1 > 选项二 </TD > </TR >
         < TR > < TD class = td1 > 选项三 </TD > </TR >
         < TR > < TD class = td1 > 选项四 </TD > </TR >
         < TR > < TD > </TD > </TR > </TBODY > </TABLE >
     </DIV >
     < TABLE border = 0 cellPadding = 0 cellSpacing = 0 width = 100 >
       < TBODY >
         < TR >
           < TD height = 18 width = 14 > </TD >
           < TD bgColor = #99ccff class = cardtitle height = 14
width = 86 > 选项卡一 </TD > </TR > </TBODY > </TABLE > </DIV >
     < DIV id = menu2 onmouseout = menuBack（2）
onmouseover = menuOut（2）
       style = "HEIGHT: 20px; LEFT: 30px; POSITION: absolute; TOP:
20px; WIDTH: 130px; Z-INDEX: 1" >
     < DIV class = cardbottom id = Layer2
       style = "HEIGHT: 115px; LEFT: 0px; POSITION: absolute; TOP:
17px; WIDTH: 100px; Z-INDEX: 1" >
     < TABLE align = center border = 0 height = "100%" width = 75 >
```

```
< TBODY >
    < TR > < TD class = td1 > 选项一 </TD > </TR >
    < TR > < TD class = td1 > 选项二 </TD > </TR >
    < TR > < TD class = td1 > 选项三 </TD > </TR >
    < TR > < TD class = td1 > 选项四 </TD > </TR >
    < TR > < TD > </TD > </TR > </TBODY > </TABLE >
</DIV >
< TABLE border = 0 cellPadding = 0 cellSpacing = 0 width = 100 >
    < TBODY >
    < TR >
        < TD height = 18 width = 14 > </TD >
        < TD bgColor = #99ccff class = cardtitle height = 14
width = 86 > 选项卡二 </TD > </TR > </TBODY > </TABLE > </DIV >
< DIV id = menu3 onmouseout = menuBack （3）
onmouseover = menuOut （3）
    style = "HEIGHT：20px；LEFT：30px；POSITION：absolute；TOP：40px；
WIDTH：130px；Z-INDEX：1" >
    < DIV class = cardbottom id = Layer3
    style = "HEIGHT：115px；LEFT：0px；POSITION：absolute；TOP：17px；
WIDTH：100px；Z-INDEX：1" >
    < TABLE align = center border = 0 height = "100%" width = 75 >
    < TBODY >
    < TR > < TD class = td1 > 选项一 </TD > </TR >
    < TR > < TD class = td1 > 选项二 </TD > </TR >
    < TR > < TD class = td1 > 选项三 </TD > </TR >
    < TR > < TD class = td1 > 选项四 </TD > </TR >
    < TR > < TD > </TD > </TR > </TBODY > </TABLE >
</DIV >
< TABLE border = 0 cellPadding = 0 cellSpacing = 0 width = 100 >
    < TBODY >
    < TR >
        < TD height = 18 width = 14 > </TD >
    < TD bgColor = #99ccff class = cardtitle height = 14
width = 86 > 选项卡三 </TD > </TR > </TBODY > </TABLE > </DIV >
```

……（删掉第四、第五个选项卡）

</DIV>

请将鼠标移到各层菜单上试试

</BODY></HTML>

该网页的最终浏览效果如图 7-16。

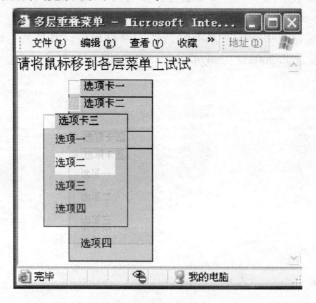

图 7-16

推荐资源

（1）帕兰映像网——60多个网页导航菜单设计实例欣赏：http://paran-image.com/more-than-60-web-design-examples-appreciate-the-navigation-menu/

（2）中华网科技频道网络教室——网页导航设计之独孤九剑：http://tech.china.com/zh_cn/netschool/homepage/skill/605/20011012/10125361.html

（3）百度斯瑞吧——网页导航设计 http://tieba.baidu.com/f?kz=136183610

（4）新浪科技时代——网页导航设计的注意要点（上）http://tech.sina.com.cn/c/1493.html

（5）新浪科技时代——网页导航设计的注意要点（下）：http://tech.sina.com.cn/c/1494.html

让你的网页更像样儿

(6) 百度搜索吧——网页导航设计的注意要点：http：//tieba.baidu.com/f?kz=128923436

(7) 西部数码——网页导航设计九大注意事项：http：//www.west263.com/info/html/wangyezhizuo/Dreamweaver/20080224/9737.html

(8) 网页教学网——网页导航设计技巧：Tab式位置导航变体：http：//www.webjx.com/htmldata/2007-04-28/1177737732.html

(9) 创意在线——25个具有创造性的网页导航设计欣赏：http：//www.52design.com/html/200811/design20081126112300.shtml

第八讲　为页面切换加点儿效果

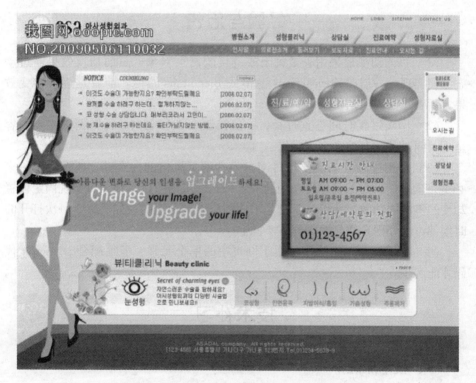

——韩国一家网站，引自 http://www.ooopic.com/vector/200956/530096.html

点石成金

网页切换效果指的是在进入或离开网页时呈现的过渡效果。

一般而言，网页加上切换效果可使网页更生动、更具有活力。特别是当页

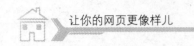
让你的网页更像样儿

面有较多或较大图片时，网页使用切换效果更佳。

但页面是否添加切换效果要慎重考虑。不必每个网站的每个网页都要加上切换效果。主题严肃或者过于庞大的网站不宜添加页面切换效果。

切换效果的使用也有一致性问题。就是说一个网站要么每个网页都有切换效果，要么都没有——大家要保持一致。但切换的模式可以不完全一致，以避免单调。

网页切换效果是使网页"像样儿"的辅助因素，一般较适合于小型组织或个人网站。从内容看一般只是休闲类；从风格看，则多属于自由活泼型。

经验与忠告

（1）页面切换效果用于被关闭或链接的网页对象。页面切换效果通过动态滤镜实现。一般是 RevealTrans 滤镜或 Blendtrans 滤镜。前者是逐渐转变效果，后者是淡入淡出效果。

（2）网页过渡时间不宜过长，一般控制在 3 秒之内。否则网页主要内容呈现时间过长，有喧宾夺主之嫌。

（3）使用过渡效果后要保持网站中各网页风格的一致性。所谓一致，未必是完全一样。当然，你可采用同一效果；但采用随机效果，可实现固定设置却变幻莫测的功效。所以，常常是采用随机效果。它的益处还在于每次打开的时候都可能和前一次切换的样式不同。

（4）以上两个动态滤镜可用于网页中的单个元素，但须配合 javascript 代码才能实现。

技术补习

一、技术原理

添加页面切换效果的技术关键是修改 HTML 代码，在头部（head 标记内）使用动态滤镜 Revealtrans 或 blendtrans。涉及标记 meta 及其属性参数的设置。meta 该标记是网页 HTML 中 HEAD 区的一个辅助性标签，初学者不甚了解，但它对网页 SEO 具有重要意义。meta 标记有两个重要的属性：HTTP 标题信息（http-equiv）和页面描述信息（name）。与页面切换效果相关的是 http-equiv 属性。取值有 content-type 和 refresh 等十几种，但与切换效果相关的仅 4 种。content 属性取值必须与之对应。见表 8-1。

表 8-1

属 性	取 值	说 明
http-equiv	Page-enter	进入网页时
	Page-exit	离开网页时
	Site-enter	进入站点时
	Site-exit	离开站点时
Conten	blendTrans	用 Duration 参数指定过渡时间
	revealTrans	用 Duration，Transition 参数分别指定过渡时间和过渡模式

例如使用淡入淡出（blendTrans）滤镜后，在网页头部可包含以下代码：
< meta http-equiv = "Page-enter" content = "blendTrans"（Duration =3.0）>。表示在进入网页时经 3 秒钟后逐渐显示出最终效果。而使用逐渐转变（revealTrans）滤镜，还需要设置渐变模式（Transition 参数值）。其取值和效果见表 8-2。

表 8-2

效 果	Transition 值	效 果	Transition 值
盒状收缩	0	溶解	12
盒状展开	1	左右向中部收缩	13
圆形收缩	2	中部向左右展开	14
圆形展开	3	上下向中部收缩	15
向上擦除	4	中部向上下展开	16
向下擦除	5	阶梯状向左下展开	17
向左擦除	6	阶梯状向左上展开	18
向右擦除	7	阶梯状向右下展开	19
垂直百叶窗	8	阶梯状向右上展开	20
水平百叶窗	9	随机水平线	21
横向棋盘式	10	随机垂直线	22
纵向棋盘式	11	随机	23

使用后可能包含以下代码。
< meta http-equiv = "Page-Enter" content = "revealTrans
　　（Duration =2.0，Transition =1）" >
表示 2 秒内以盒装展开效果打开本网页。

二、在 FrontPage 中实现

在 FrontPage 中实现网页过渡实际上是上述代码操作的所见即所得的形式。

在当前编辑的网页，展开"格式"菜单，选子菜单"网页过渡"，显示如图 8-1 所示对话框。事件有"进入网页"、"离开网页"、"进入网站"、"离开网站"4 种选项。一般选"进入网页"。过渡效果从列表中的 20 余种选择。与表 8-2 对比，可见实际上采用了 revealTrans 滤镜。

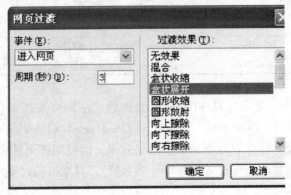

图 8-1

三、利用 Dreamweaver 实现

利用 Dreamweaver 实现需要较多的代码知识。单击插入菜单中"文件头标签/Meta"，在属性对话框中选项的下拉列表中选择"HTTP-equivalent"，在"值"文本框中键入 Page-Enter，在"内容"文本框中键入动态滤镜名及其参数（图 8-2），单击"确定"按钮即可。可见上述两个动态滤镜它都可以使用。

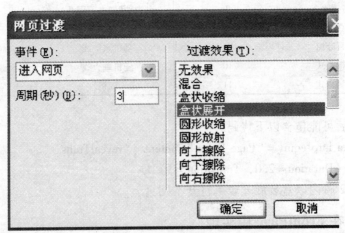

图 8-2

推荐资源

（1）源码开发学院——CSS 学习动态滤镜显示：http：//edu.codepub.com/2009/0710/9291.php

（2）百度知道——网页渐变切换特效是怎么做：http：//zhidao.baidu.com/question/31918820.html？si=9

（3）百度 hi——网页切换特效：http：//hi.baidu.com/wang gang_1/blog/item/be4bf20279ffa77e3812bb3c.html

（4）网页教学网——Flash 和 JS 实现的图片幻灯片切换特效 http：//www.webjx.com/htmldata/2005-10-01/1128143647.html

（5）考试大网——JS 实现模拟 FLASH 幻灯片图片切换网页特效 http：//www.examda.com/Java/jichu/20090731/092404144.html

第九讲　为鼠标加点儿特效

——俄罗斯一家网站，引自 http://www.wzsky.net/html/59/

点石成金

　　鼠标是网上冲浪的重要工具，为避免单调乏味，可适当装点之——不妨加一点特效。
　　鼠标装点要个性化。效果与众不同才能获得浏览者青睐。
　　装点鼠标的要点是跟随和动感、飘逸，不影响内容的浏览。
　　鼠标特效不局限于美化和装饰鼠标，还可以改变或屏蔽鼠标左右键的原有功能。
　　装点鼠标设计一般适用于休闲类，或个人的、自由活泼风格的网站。
　　大型网站、特别是内容严肃的页面不宜装点鼠标。那样会破坏网页的风格和声誉。

经验与忠告

（1）使用文字跟随鼠标，简洁、灵巧而生动。
（2）用图片跟随鼠标不美观，会像一块膏药遮挡页面内容的显示。
（3）装点鼠标只是小零碎儿，不宜为此大动干戈。
（4）如果鼠标装饰没有特色，雷同于其他网站，不装饰也罢。
（5）改变或屏蔽左右键的功能对于防止非法拷贝，有利于维护网站开发（所有）者的著作权。可酌情使用。

技术讲习

一、利用 javascript 代码实现

装饰鼠标一般用到大量 javascript 代码和较高的编程技巧。重点是随时记录鼠标指针的位置信息。不断随之变换一些对象（文字、图片）的位置。

右键重定向也通过 javascript 代码实现。核心是在发生右击鼠标事件（event. button ＝ ＝2 ｜ event. button ＝ ＝3）时，更新链接网页的 URL（location. replace（url））。例如在网页 HTML 中（头部或文档体内）插入以下代码，可在用户右击鼠标时弹出"欢迎光临我的网站！"警示框，单击其"确定"按钮后可即链接到新网页（网址：http：//www. myweb. com）。其核心代码已用下划线标出。读者可据自己需要修改其中的 URL 设置。

```
< script language = "JavaScript" >
url = " http：//www. myweb. com " ;
if（navigator. appName. indexOf（"Internet Explorer"）！ ＝ -1）
document. onmousedown = righ;
function righ（）
　{
if（event. button ＝ ＝2 ｜ event. button ＝ ＝3）
　　{
　　alert（"欢迎光临我的网站！"）;
　　location. replace（url）;
　　}
　}
```

</script>

二、利用 Flash 的 Action Script 脚本实现

无论怎样的鼠标特效，其利用 Flash 的 Action Script 脚本实现的原理大同小异——让剪辑先停在某一帧上，当鼠标滑过的时候，播放相应的特效。一个剪辑看起来很一般，但几十个剪辑放在场景中，鼠标触发播放相应的效果，蔚为壮观。

三、利用 HTML 实现

要禁止使用拖动鼠标左键，可修改网页的 <body> 标记的属性设置，从中加入两个设置——"onContentMenu = ' return false '" 和 "onSelectStart = ' return false '" 即可。

要禁止鼠标右键，可如下设置相应属性值：

  oncontextmenu = self. event. returnValue = false

或：ondragstart = " window. event. returnValue = false"

  oncontextmenu = " window. event. returnValue = false"

  onselectstart = " event. returnValue = false"

后一种方法使鼠标失效，而且不能用鼠标选取页面上的内容，即使使用"编辑/全选"菜单也无效。

瞧瞧人家

1. 跟随鼠标的五彩文字——"我们跟着鼠标指针，飘啊，飘……"

在网页头部 <head> 标记内，首先用 document 对象 write 方法把跟随鼠标的文字的字体字号样式写入网页。定义跟随鼠标的文字变量 message，赋值为"我们跟着鼠标指针，飘啊，飘……"，定义函数 handlerMM（e），随时记录鼠标指针的位置及其变化；定义函数 makesnake（），以便产生蛇身一样的游动的文字；定义函数 pageonload（），在网页装入时递归调用延时，形成循环效果。效果如图 9 - 1。

  < head >
  < meta http-equiv = " Content-Type" content = " text/html;
    charset = gb2312" / >
  < title >跟随鼠标的五彩文字 </title >
  < SCRIPT LANGUAGE = " JavaScript" >

第九讲 为鼠标加点儿特效

```
document.write ('<STYLE>');
document.write ('<!——');
document.write ('.spanstyle{');
document.write ('COLOR：#0066ff; FONT-FAMILY：华文新魏;
    FONT-SIZE：9pt; FONT-WEIGHT：normal;
    POSITION：absolute; TOP：-50px; VISIBILITY：visible');
document.write ('}');
document.write ('——>');
document.write ('</STYLE>');
var message="我们跟着鼠标指针，飘啊，飘……";
var x, y;
var step=12;
var flag=0;
message=message.split("");
var xpos=new Array ();
for (i=0; i<=message.length-1; i++) {
xpos [i] =-50;
}
var ypos=new Array ();
for (i=0; i<=message.length-1; i++) {
ypos [i] =-50;
}
function handlerMM (e) {
x= (document.layers)? e.pageX :
document.body.scrollLeft+event.clientX+10;
y= (document.layers)? e.pageY :
document.body.scrollTop+event.clientY;
flag=1;
}
function makesnake () {
if (flag==1 && document.all) {
    for (i=message.length-1; i>=1; i——) {
    xpos [i] =xpos [i-1] +step;
ypos [i] =ypos [i-1];
```

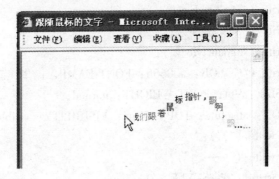

图 9-1

```
        }
xpos [0] = x + step;
ypos [0] = y;
for (i = 0; i < = message. length-1; i + +) {
        var thisspan = eval ("span" + (i) +". style");
        thisspan. posLeft = xpos [i];
thisspan. posTop = ypos [i];
thisspan. color = Math. random () * 255 * 255 * 255 +
Math. random () * 255 * 255 + Math. random () * 255;
        }}
else if (flag = = 1 && document. layers) {
        for (i = message. length-1; i > = 1; i——) {
    xpos [i] = xpos [i-1] + step;
ypos [i] = ypos [i-1];
        }
xpos [0] = x + step;
ypos [0] = y;
for (i = 0; i < message. length-1; i + +) {
        var thisspan = eval ("document. span" + i);
        thisspan. left = xpos [i];
thisspan. top = ypos [i];
thisspan. color = Math. random () * 255 * 255 * 255 +
Math. random () * 255 * 255 + Math. random () * 255;
}}}
```

```
for (i=0; i<=message.length-1; i++) {
    document.write ("<span id='span" +i+ "' class='spanstyle'>");
    document.write (message[i]);
document.write ("</span>");
}
if (document.layers) {
document.captureEvents (Event.MOUSEMOVE);
}
document.onmousemove = handlerMM;
function pageonload () {
makesnake ();
window.setTimeout ("pageonload ();", 2);
}
pageonload ()
</SCRIPT>
   </head>
```

2. 跟随鼠标的多行重叠文字——"我们是鼠标的跟屁虫……"
插入以下代码，效果如图 9-2。

```
<head>
<meta http-equiv="Content-Type" content="text/html;
charset=gb2312" />
<title>无标题文档</title>
<SCRIPT LANGUAGE="JavaScript">
<!—— Begin
//修改显示内容、字体、颜色
message='我们是鼠标的跟屁虫……';
FonT='宋体';
ColoR='ff9966';
SizE=3;  //1 to 7 only!
var amount=5, ypos=-50, xpos=0, Ay=0, Ax=0, By=0,
Bx=0, Cy=0, Cx=0, Dy=0, Dx=0, Ey=0, Ex=0;
if (document.layers) {
for (i=0; i<amount; i++) {
document.write ('<layer name=nsl' +i+ ' top=0 left=0>
```

```
    <font face = ' + FonT + ' size = ' + SizE + '
    color = ' + ColoR + ' > ' + message + ' </font> </layer> ');
    }
    window.captureEvents (Event.MOUSEMOVE);
    function nsmouse (evnt) {
    xpos = evnt.pageX + 20;
    ypos = evnt.pageY + 20;
    }
    window.onMouseMove = nsmouse;
}
else if (document.all) {
    document.write (" <div id = 'outer'
    style = 'position: absolute; top: 0px; left: 0px' >");
    document.write (" <div style = 'position: relative' >");
    for (i = 0; i < amount; i++) {
    document.write ('<div id = "text"' + i + ' style = "position: absolute;
        top: 0px; left: 0px; width: 400px; height: 20px" >
    <font face = ' + FonT + ' size = ' + SizE + '
    color = ' + ColoR + ' > ' + message + ' </font> </div>');
    }
```

图 9-2

```
    document.write (" </div>");
    document.write (" </div>");
    function iemouse () {
```

```
    ypos = event. y + 20;
    xpos = event. x + 20;
}
window. document. onmousemove = iemouse;
}
function makefollow ( ) {
    if (document. layers) {
    document. layers ['nsl'+0]. top = ay;
    document. layers ['nsl'+0]. left = ax;
    document. layers ['nsl'+1]. top = by;
    document. layers ['nsl'+1]. left = bx;
    document. layers ['nsl'+2]. top = cy;
    document. layers ['nsl'+2]. left = cx;
    document. layers ['nsl'+3]. top = Dy;
    document. layers ['nsl'+3]. left = Dx;
    document. layers ['nsl'+4]. top = Ey;
    document. layers ['nsl'+4]. left = Ex;
}
else if (document. all) {
    outer. style. pixelTop = document. body. scrollTop;
    text [0]. style. pixelTop = ay;
    text [0]. style. pixelLeft = ax;
    text [1]. style. pixelTop = by;
    text [1]. style. pixelLeft = bx;
    text [2]. style. pixelTop = cy;
    text [2]. style. pixelLeft = cx;
    text [3]. style. pixelTop = Dy;
    text [3]. style. pixelLeft = Dx;
    text [4]. style. pixelTop = Ey;
    text [4]. style. pixelLeft = Ex;
    }
  }
function move ( ) {
    ey = Ey + = (ypos – Ey) * 0.2;
```

```
        ex = Ex + = (xpos - Ex) * 0.2;
        dy = Dy + = (ey - Dy) * 0.3;
        dx = Dx + = (ex - Dx) * 0.3;
        cy = Cy + = (dy - Cy) * 0.4;
        cx = Cx + = (dx - Cx) * 0.4;
        by = By + = (cy - By) * 0.5;
        bx = Bx + = (cx - Bx) * 0.5;
        ay = Ay + = (by - Ay) * 0.6;
        ax = Ax + = (bx - Ax) * 0.6;
        makefollow ();
        setTimeout ('move ()', 10);
        }
    window. onload = move;
    //   End—— >
    </script >
    </head >
    < body bgcolor = "#CCFFCC" >
    </body >
```

3. 文字跟随鼠标指针移动，并围绕指针旋转——"我们围着鼠标转。我们都是鼠标的小保镖！哈哈…"

输入以下代码，效果如图9-3。

```
< head >
< meta http-equiv = "Content-Type" content = "text/html;
charset = gb2312" />
< title > 文字围绕鼠标旋转 </title >
< script language = "JavaScript" >
if ( document. all ) {
yourLogo = "我们围着鼠标转。我们都是鼠标的小保镖！
哈哈…";         <! ——待旋转的文字—— >
logoFont = "宋体";    <! ——文字的字体—— >
logoColor = "red";    <! ——文字的颜色：红色，可修改—— >
yourLogo = yourLogo. split ('');
    <! ——将旋转的字符串分成单个的字符—— >
L = yourLogo. length;   <! ——获得字符串的长度—— >
```

```
TrigSplit = 360 /L;      <!——设置每次旋转的角度——>
Sz = new Array ( )       <!——声明一个数组——>
logoWidth = 100;         <!——定义宽度——>
logoHeight = -30;        <!——定义高度——>
ypos = 0;
xpos = 0;
step = 0.03;             <!——定义步长——>
currStep = 0;
document.write ('< div id = "outer" style = "position：absolute;
top：0px；left：0px" >
```

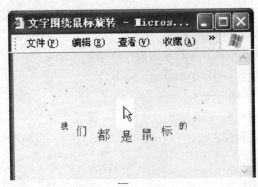

图 9-3

```
< div style = "position：relative" >');
for (i = 0; i < L; i + +) {
document.write ('< div id = "ie" style = "position：absolute;
top：0px；left：0px；
' +'width：10px；height：10px；font-family：' + logoFont + ';
font-size：12px;' + 'color：' + logoColor + '; text-align：
center" >' + yourLogo [i] +'</div >');
<!——依次显示每一个字符——>
}
document.write ('</div > </div >');
function Mouse ( ) {
ypos = event.y;   <!——获得当前鼠标的纵坐标——>
xpos = event.x - 5;  <!——获得当前鼠标的横坐标——>
```

}
document.onmousemove = Mouse;
<!——鼠标移动后调用 mouse () 函数——>
function animateLogo () {
<!——获得当前窗口的坐标——>
outer.style.pixelTop = document.body.scrollTop;
for (i = 0; i < L; i + +)
ie [i].style.top = ypos + logoHeight * Math.sin (currStep + i * TrigSplit * Math.PI /180);
<!——获得第 i 个字符的上边界——>
ie [i].style.left = xpos + logoWidth * Math.cos (currStep + i * TrigSplit * Math.PI /180);
<!——获得第 i 个字符的左边界——>
Sz [i] = ie [i].style.pixelTop - ypos;
<!——设置字体——>
if (Sz [i] <5) Sz [i] =5; <!——设置字体——>
ie [i].style.fontSize = Sz [i] /1.7; <!——当前字体的变化——>
}
currStep - = step;
setTimeout ('animateLogo ()', 20); <!——动画的实现——>
}
window.onload = animateLogo;
<!——直接调用 animatelogo () 函数——>
}
</ script >
</ head >

4. 跟随鼠标的三色花纹

将以下代码插入 < head > 标记中，注意删除最前面的那一行。效果如图 9 - 4。

<! DOCTYPE html PUBLIC "-//W3C//DTD XHTML 1.0 Transitional//EN" "http://www.w3.org/TR/xhtml1/DTD/xhtml1-transitional.dtd" >
< script language = "JavaScript" >
var a_ Colour = 'ff0000';

```
var b_ Colour = '00ff00';
var c_ Colour = '0000ff';
var Size = 50;
var YDummy = new Array ( ), XDummy = new Array ( ), xpos = 0,
ypos = 0, ThisStep = 0; step = 0.03;
if (document. layers) {
window. captureEvents (Event. MOUSEMOVE);
function nsMouse (evnt) {
xpos = window. pageYOffset + evnt. pageX + 6;
ypos = window. pageYOffset + evnt. pageY + 16;
}
window. onMouseMove = nsMouse;
}
else if (document. all) {
function ieMouse ( ) {
xpos = document. body. scrollLeft + event. x + 6;
ypos = document. body. scrollTop + event. y + 16;
}
document. onmousemove = ieMouse;
}
function swirl ( ) {
for (i = 0; i < 3; i + +) {
YDummy [i] = ypos + Size * Math. cos (ThisStep + i * 2) *
Math. sin ( (ThisStep) * 6);
XDummy [i] = xpos + Size * Math. sin (ThisStep + i * 2) *
Math. sin ( (ThisStep) * 6);
}
ThisStep + = step;
setTimeout ('swirl ( )', 10);}
var amount = 10;
if (document. layers) {
for (i = 0; i < amount; i + +) {
document. write (' < layer name = nsa' + i + ' top = 0 left = 0
width = ' + i/2 + ' height = ' + i/2 + ' bgcolor = ' + a_ Colour + ' > </
```

layer >');

　　document. write ('< layer name = nsb' + i + ' top = 0 left = 0 width = ' + i/2 + ' height = ' + i/2 + ' bgcolor = ' + b_ Colour + ' > </ layer >');

　　document. write ('< layer name = nsc' + i + ' top = 0 left = 0 width = ' + i/2 + ' height = ' + i/2 + ' bgcolor = ' + c_ Colour + ' > </ layer >');

　　}}

图 9-4

　　else if (document. all) {

　　document. write ('< div id = "ODiv" style = "position: absolute; top: 0px; left: 0px" >' +' < div id = "IDiv" style = "position: relative" >');

　　for (i = 0; i < amount; i + +) {

　　document. write ('< div id = x style = "position: absolute; top: 0px; left: 0px; width:' + i/2 + '; height:' + i/2 + '; background:' + a_ Colour + '; font-size:' + i/2 + '" > </ div >');

　　document. write ('< div id = y style = "position: absolute; top: 0px; left: 0px; width:' + i/2 + '; height:' + i/2 + '; background:' + b_ Colour +'; font-size:' + i/2 + '" > </ div >');

　　document. write ('< div id = z style = "position: absolute; top: 0px; left: 0px; width:' + i/2 + '; height:' + i/2 + '; background:' + c_ Colour + '; font-size:' + i/2 + '" > </ div >');}

第九讲 为鼠标加点儿特效

```
document.write('</div></div>');}
function prepos() {
var ntscp = document.layers;
var msie = document.all;
if (document.layers) {
for (i=0; i<amount; i++) {
if (i<amount-1) {
ntscp['nsa'+i].top = ntscp['nsa'+(i+1)].top;
ntscp['nsa'+i].left = ntscp['nsa'+(i+1)].left;
ntscp['nsb'+i].top = ntscp['nsb'+(i+1)].top;
ntscp['nsb'+i].left = ntscp['nsb'+(i+1)].left; ntscp['nsc'+i].top = ntscp['nsc'+(i+1)].top;
ntscp['nsc'+i].left = ntscp['nsc'+(i+1)].left;
}
else {
ntscp['nsa'+i].top = YDummy[0]; ntscp['nsa'+i].left = XDummy[0];
ntscp['nsb'+i].top = YDummy[1]; ntscp['nsb'+i].left = XDummy[1];
ntscp['nsc'+i].top = YDummy[2]; ntscp['nsc'+i].left = XDummy[2];
}}}
else if (document.all) {
for (i=0; i< amount; i++) {
if (i<amount-1)
{msie.x[i].style.top = msie.x[i+1].style.top; msie.x[i].style.left = msie.x[i+1].style.left; msie.y[i].style.top = msie.y[i+1].style.top; msie.y[i].style.left = msie.y[i+1].style.left; msie.z[i].style.top = msie.z[i+1].style.top; msie.z[i].style.left = msie.z[i+1].style.left;
}
else {
msie.x[i].style.top = YDummy[0]; msie.x[i].style.left = XDummy
```

```
[0];
    msie.y[i].style.top = YDummy[1]; msie.y[i].style.left = XDummy
[1];
    msie.z[i].style.top = YDummy[2]; msie.z[i].style.left = XDummy
[2];
    }}}
    setTimeout("prepos()",10);}
    function Start(){
    swirl(),prepos()}
    window.onload = Start;
</script>
```

推荐资源

（1）寻点网——九种常用的鼠标特效：http://www.tss4a.com/down/d/wytx/200903/30-2590.html

（2）网页特效代码网——鼠标特效专栏：http://www.jscode.cn/jave_mouse/

（3）源码天空网——图片跟随鼠标：http://www.codesky.net/article/doc/200508/javascript/shu1.htm

（4）源码天空网——非图片鼠标跟踪器：http://www.codesky.net/article/doc/200508/javascript/shu15.htm

（5）源码天空网——显示鼠标坐标：http://www.codesky.Net/article/doc/200508/javascript/shu18.htm

（6）博客网页特效代码集锦——跟随鼠标的萤火虫：http://blog.bioon.com/js/jscode.asp?js_id=443

（7）QQTZ综合社区——史上最全的flash鼠标特效集：史上最全的flash鼠标特效集：http://www.qqtz.com/read-htm-tid-22003.html

（8）随意网——鼠标跟随七彩光环代码：http://m.99081.com/lovexinmin/show.asp?id=303

（9）妩媚星光的博客——最新最全的FLASH鼠标特效：http://hi.baidu.com/ying%B6%F9138/blog/item/e3ddf3fd99e22c1309244df5.html

第十讲 给网站添加一些额外服务

——引自 http：//www.cg3000.com/html/cgAppreciation/Website/20070901/jingmeiguowaiwangyeshejixinshang_ 22448. shtml

点石成金

额外服务指的是与网站主旨关系不大，本可以不提供的服务。重在公益性。

公益性网站"份内"与"额外"服务的界限尤其模糊，在力所能及的情况下，服务应适当增加。

即使是商业或个人网站，也不要只想着从网站获利，要时常给用户一些无偿的小恩小惠——必须寻求用户利益与网站开发者、网站所有者利益的均衡点，以便拉近距离、增进感情。

添加额外服务是为了留住老用户，吸引新用户，所以额外服务的内容和形式也需要调研和更新。

必须注意，这些服务毕竟不是网站服务的主要内容。必须坚持网站主旨，不能喧宾夺主。因而额外服务的内容比例要小、版面也应处在网页的边角位置。

经验与忠告

（1）额外服务的内容要根据网站宗旨和用户主体及发展方向慎重选择，加入网站主流用户不需要和不喜欢的内容会弄巧成拙。

（2）额外服务必须在不违背法律的前提下进行。不能侵权，服务内容不涉及色情和国家、组织机密或个人隐私。

（3）额外服务信息要尽量少占版面而且放在网页的边角位置，有关代码的字节数要少。防止影响网站主旨内容的浏览。

（4）额外服务一般应免费，也可酌情收费。

技术前沿

主要是借助网页设计软件预设 web 组件和其他网站资源（CGI 或代码），增加搜索功能、天气预报、笑话、音乐等服务。关键是代码简洁，占用版面空间小，不影响打开速度，让用户获得意外惊喜。

一、利用 FrontPage 插入站内搜索功能

在 FrontPage 中，执行菜单"插入/Web 组件……"命令，在对话框（图 10-1）中选择组件类型和效果，可插入字幕、交互式按钮、站内搜索、计数器等功能。例如选择 web 搜索中的站内搜索，可出现"搜索表单属性"对话框，设置参数后，单击确定，可在网页中自动插入表单和表单元素（图 10-2、图 10-3）。这一操作的缺点是插入后不便于进一步编辑，而且只有将此网站发布到已安装 FrontPage Server Extensions 的 web 服务器才能看到相应功能——预览时，系统会只给出相应提示。

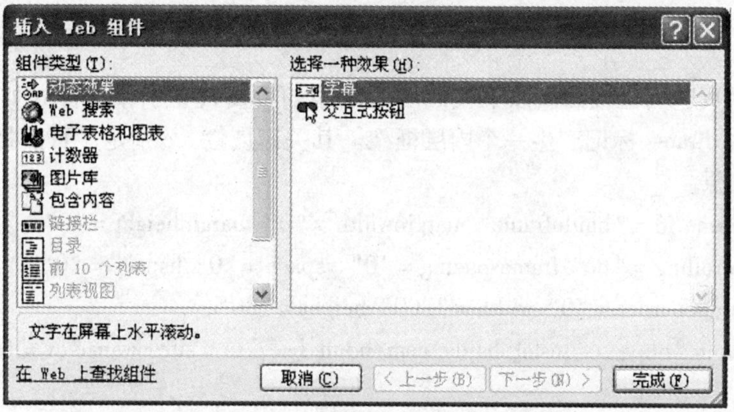

第十讲 给网站添加一些额外服务

图 10－1

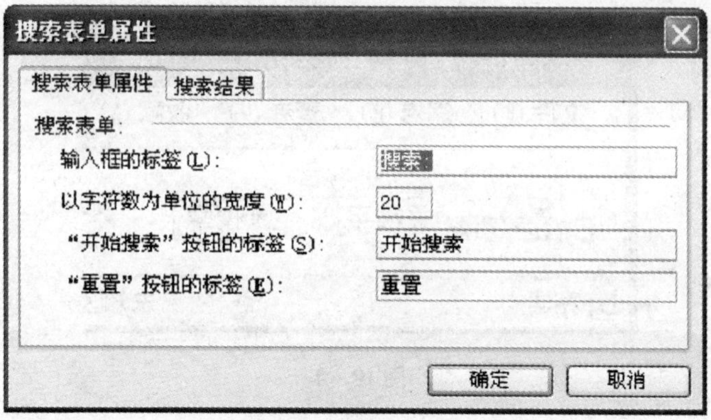

图 10－2

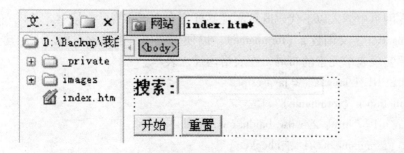

图 10－3

二、利用 HTML 代码的 Ifram 标记插入搜索引擎

在网页适当位置插入以下代码可为之添加百度搜索引擎。样式如图 10 - 4。其中，iframe 标记产生一个内层框架。其关键属性 src 指定了百度搜索引擎 CGI 的来源。

　　< iframe id = "baiduframe" marginwidth = "0" marginheight = "0"
　　scrolling = "no" framespacing = "0" vspace = "0" hspace = "0"
　　frameborder = "0" width = "200" height = "30"
　　src = "http：//unstat. baidu. com/bdun. bsc? tn = sitesowang&cv = 1& csid =
&csid = 102&bgcr = ffffff&ftcr = 000000&urlcr = 0000ff&tbsz = 80" >
</iframe >

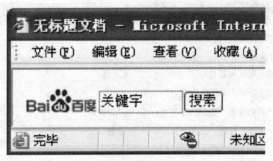

图 10 - 4

三、利用脚本实现站内站外搜索

在网页中插入以下代码既可实现站外搜索也可实现站内搜索。其核心是先用 Javascript 定义函数 g（formname），以便于调用百度搜索引擎。而后建立表格以便实现表单元素的布局，在表格内插入表单。

　　< SCRIPT language = javascript >
　　function g（formname）？｛
　　var url = "http：//www. baidu. com/baidu"；
　　if（formname. s［1］. checked）｛
　　formname. ct. value = "2097152"；　｝
　　else｛
　　formname. ct. value = "0"；　｝
　　formname. action = url；

return true；｝
</SCRIPT>

< table style = "font-size：10pt;" > < form name = "f1" onsubmit = "return g（this）" target = _ blank >
< tr height = " " > < td >
< input name = word size = "30" maxlength = "100" >
< input type = "submit" value = "百度搜索" >
……
< input name = si type = hidden value = "me. com" >
< input name = s type = radio > 互联网
< input name = s type = radio checked > 本站
</td > </tr > </form > </table >

插入代码后的编辑窗口设计视图如图 10 – 5。

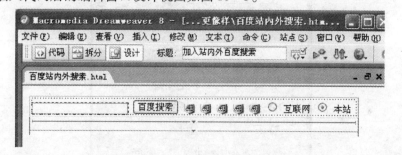

图 10 – 5

注意网页中可以有若干个隐藏域。图中有 5 个。代码中有省略，但斜体部分是必须的。隐藏域在浏览网页时不显示（图 10 – 6）。

图 10 – 6

四、利用 iframe 标记插入天气预报

插入以下代码（同样利用 iframe 标记的 src 属性调用其他网页的天气预报板块）可为之添加天气预报功能，样式如图 10-7。可以选择目标城市，但默认城市始终为北京。

< iframe id = 'ifm2' width = '189' height = '190' align = 'CENTER'
marginwidth = '0' marginheight = '0' hspace = '0' vspace = '0'
frameborder = '0' scrolling = 'No'
src = 'http：//weather.qq.com/inc/ss296.htm' >
</iframe >

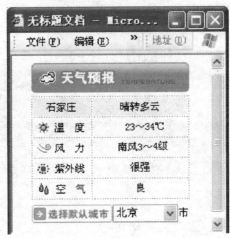

图 10-7

推荐资源

（1）中文搜索引擎指南——免费百度搜索引擎代码：http：//www.sowang.com/searchenginefree.htm

（2）中国站长天空——综合搜索引擎代码：http：//www.zzsky.cn/code/search/

（3）网页特效代码网——综合搜索引擎代码：http：//www.7stk.com/jingdian/baidu.htm

（4）大宝库——百度免费搜索引擎代码：www.dabaoku.com/sousuo/baidu.htm

（5）耽恋免费资源——百度免费搜索引擎代码：http：//www.dlcom.org/js/11/200808/0223683.html

（6）搜狐社区——实现站内搜索代码：http：//club.it.sohu.com/r-weblang-25745-0-0-0.html

（7）中国站长站——实现百度站内搜索的代码：http：//www.chinaz.com/Design/Pages/0G6120N2007.html

（8）JS 码：http：//www.jscode.cn/plus/search.asp?sType=2&keywords=%CD%A8%B9%FD

第十一讲 形成自己的风格

——阳坚生个人求职网（http：//www.firm3.cn）的主页

点石成金

　　风格是一种个性，也是一种品味，要"像样儿"就要与众不同，所以，"像样儿"的网页必须有自己的风格。
　　网页的风格由色彩、布局、字体等的设置共同形成。但色彩是风格之魂。
　　网站的风格由其中的所有网页共同体现。它是一种共性、一种趋势、一种习惯，而且它与众不同。当同一网站中所有网页具有共同一致的特征时才能形成网站的风格。
　　特定网页风格会赢得一些网民，同时，也会失去另一些网民。

一个网站应该确立怎样的风格——网站风格定位的关键一是与网页内容和主旨一致，二是与特定用户群的审美偏好一致。绝不仅仅是个性化。绝不能仅仅为了张扬个性而确立风格。要给网民带来艺术、美，然后才是展示你的个性。否则浏览者只是把你的网页归入另类而已。使浏览者离你远去的"风格"有害而无益。

如何形成普遍适用的网站风格？其实根本不存在这样的风格，这就是所谓的众口难调。风格是网页设计者的艺术追求——远比技术更难把握。如果你想寻求捷径，那就"无为而治"吧，只好不使用任何风格——采用最平板的设计。

经验与忠告

（1）网站的风格有平板朴实型、艺术型、热情奔放型、天真活泼型、严肃庄重型、动感交互型等。与网站内容有关，但并没有严格界限。平板朴实型实际上就是没有明显的风格——这也可看作一种风格。世上不存在所有人都喜欢的风格，一种风格只能吸引喜欢这一风格的人。

（2）一般地说，政府类网站严肃庄重，青年类网站热情奔放，少儿类网站天真活泼，艺术类网站浪漫典雅等等。

（3）国内公益性、商业性网站通常没有突出的风格。一是为了赢得更多的用户；二是把更多的精力放在了内容的更新上；三是参与网站建设和维护的人员太多，艺术素养和审美偏好不同，不便形成特定的风格。

（4）有风格的网页不等同于漂亮网页，关键是个性与内涵。不管你喜欢与否，无论漂亮与否，只要网页有某种个性，就可能构成一种风格。

（5）国外网站似乎更注重风格设计——即使是公益性、商业性网站。

（6）如果你想品味风格浓郁的网站，应该更多关注和浏览较小领域的网站。

（7）网站设计的关键是布局、导航、色彩搭配、与CSS样式设计等技术的综合应用。

（8）仅仅一个网页有个性是不够的，要努力使网站中尽量多的网页具有共同的特征。

技术补习

一、网站规划

网站规划是确立网站风格的技术基础。网站建设之初，了解了用户需求、审美偏好之后，就应该尽快确立网站风格。对于以下问题作出统一部署：采用哪种布局模式？采用哪种导航模式？标题文字、正文文字样式；图片尺寸的统一规划；颜色搭配的可选组合设计等等。

二、使用 CSS

外联样式表是使网站中各网页保持共同特征以便形成风格的关键。应该首先建立外联样式表文件（*.css），对各类元素的外观作出统一设计，再建立网页元素到外联样式表的链接。

在 Dreamweaver 中，建立外联样式表有两种方法。一是在新建 CSS 样式时选择"定义在'（新建样式表文件）'"，单击"确定"按钮后，指定文件路径，即进入 CSS 规则定义窗口。二是导出当前网页中的 CSS 样式（仅对该文档）形成样式表文件——在 CSS 面板选中单击右上角菜单，选择"导出"（图11-1）。

注意，一个样式表文件可以包括多个样式的定义。在当前网页编辑过程中建起的 css 文件自动建立超链接关系（自动套用其中样式）。

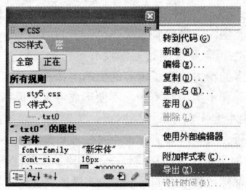

图 11-1

外联样式表的应用与套用内联样式表相似：在设计窗口选中应用对象，在 CSS 面板右键单击相应 .css 文件中 CSS 样式，在菜单中选"套用"即可。套用后自动建立本网页到相应样式表文件（.css）的超链接。并在代码（头部）中产生类似以下内容。

< link href = "…st1.css" rel = "stylesheet"

type = "text/css" >

也可以采用"附加样式表"的方法，将事先已经存在的某样式表文件的设置链接/导入后应用于相关对象（系统提供了一系列范例样式表，通常位于安装目录的 configuration 文件夹下,供参考使用)。可用 CSS 面板按钮或其右上角菜单实现。

其结果与套用等价。多个网页的不同元素可套用一个外部样式表中的同一样式。套用后,只修改这个.css 文件中关于该样式的定义,就可以改变多个网页中曾经套用了该样式的所有元素的外观和格式。便于使多个网页的风格一致。由于作为独立的代码单独保存,实现了多个网页共享,与内部样式表相比,还极大地减少了代码冗余。

三、不同风格网站的技术特征(图 11 -2)

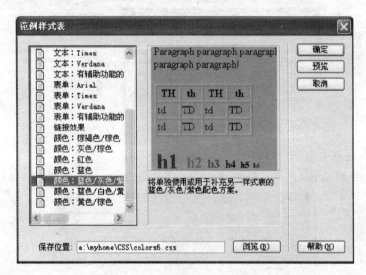

图 11 - 2

见表 11 - 1。

表 11 - 1

风格类型	惯用色彩	惯用文字	其他
平板朴实	2~3 种单色搭配	黑体、宋体	方块布局
艺术	网页 216 色之外的浅、淡色彩,渐变色	书法体、艺术体	背景图片、音乐
热情奔放	大红大绿等鲜艳色、亮色		动画、动感图片
天真活泼	大红大绿等鲜艳色、亮色	较大字体、曲线	动感图片、卡通图片
严肃庄重	红色背景	黑体、宋体	不用动画、卡通

1. 天真活泼型

如中国少年雏鹰网(http://www.chinakids.net.cn/)(图 11 - 3)。特点

一是采用曲线，导航条为曲线晾衣绳上吊挂的小手绢，主题栏目的边缘也采用了曲线。二是颜色采用欢喜搭配——红黄色搭配。

图 11-3

2. 平板朴实型

如国外网站 linkfinder（http：//www.linkfinder.com/）（图 11-4）。

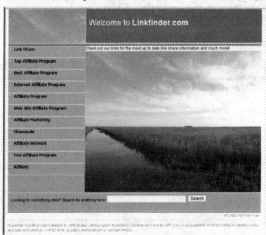

图 11-4

浅灰浅绿色背景都是平板朴实风格，采用典型的区块布局——将版面划分出六个矩形区域。其中中行左侧放置表格式导航文字，中行右侧放置主题显示内容。下方安排搜索功能和网站说明信息。注意单击某链接后布局、导航、色彩模式依旧——风格不变（图 11-5）。

第十一讲　形成自己的风格

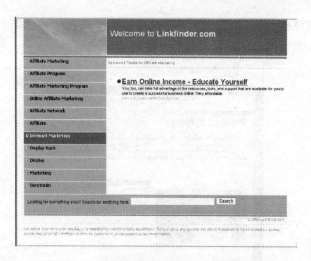

图 11-5

国内此风格的网站最多。公益、商业性网站大多呈此风格。

平板朴实风格用的不当会有生硬、呆板的感觉，这是此风格的最大弊端。可以适当通过颜色对比、图文混排等做些调整。

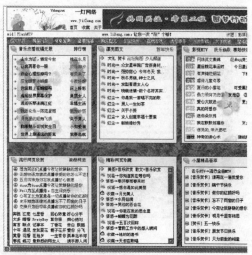

图 11-6

一灯网络（http://www.yideng.com/index.html）由于采用了表格式布局，用浓重的绿色背景图片装饰并用小图片点缀（图 11-6），弥补了一些不足。但仍显的缺乏活力。

再如，一家国外网站 theiowa(http://www.theiowa.net/index.htm)（图 11-

125

7)。网页采用深红外围底色、浅黄色主底色和蓝白色渐变色条、图文混排增加了变化和美感。但总体而言仍属于朴实风格。

图 11-7

单击 business 导航后，见图 11-8。布局色调等模式不变。

图 11-8

3. 艺术型

个人网站由于往往内容较少，在浪漫典雅风格方面可以有突出的表现，如"浮沉"网（http://www.yideng.com/jcwy/z9-fc.htm）设计（图 11-9）。

再如中国书画网（http://www.ltsf.com/）有深厚的文化底蕴（图 11-10、

第十一讲 形成自己的风格

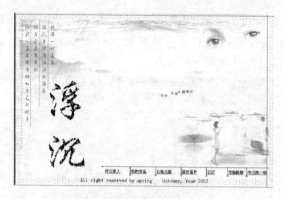

图 11-9

图 11-11）。

图 11-10

图 11-11

不要以为仅有艺术类网站才能具有艺术风格。背景图片也不是形成浪漫典

127

雅风格的唯一工具。微软在中国的官方网站（http：//www.microsoft.com/zh/cn/default.aspx）仅仅通过色彩（蓝色基调，有渐变效果）就显示了浓郁的艺术内涵，见图11-12。

图11-12

中国瓷器网（http：//zgcq.pway.cn/）虽然也采用了许多方块安排图片文字，但有许多错落；而且蓝绿色背景、浅蓝色主基调配白色文字会给人清爽的感觉——和触摸中国瓷器的感觉完全一致。与景泰蓝等许多古典瓷器的上釉非常和谐——可以说是色彩的巧妙安排增加了其艺术感染力，而这正是中国瓷器抬高身价所需要的内涵。

一些国外网站在网页的美化方面做了大量工作，从布局到色彩搭配附加装饰几乎都尽善尽美，网页简直就是艺术品，给人带来无尽的享受。如新加坡设计师Jeff Mendoza精美网页（图11-13）（http：//www.lanrentuku.com/show/web/20080715/web093036.shtml），即使变成灰度图也仍然有无限魅力。

再如，一家俄文网站（http：//www.lanrentuku.com/show/web/20080715/web092702.shtml），设计师OLENIK在页面边缘利用柔美的曲线和渐变的色彩极尽装饰之能事，艺术造诣无与伦比，使得浏览者久久不愿离去（图11-14）。

4. 动感交互型

如西祠胡同网站（图11-15）（http：//www.xici.net/）。动感十足、有移动的层、轮流播放的图片、特效动画、flash动画等，动感元素在5个以上，突出显示了其商业广告地位。

第十一讲 形成自己的风格

图 11-13

图 11-14

再如国外一家销售女性衣服的网站 knickerpicker（http：//www.knickerpicker.com），以图片和视频为主，可以选服装、选模特，令模特执行走近、转身、走回等动作，展示服装的美（图 11-16）。

具有这种风格的网站大多是销售、视频类网站。未必适合其他内容。

让你的网页更像样儿

图 11－15

图 11－16

推荐资源

（1）懒人图库——新加波设计师 Jeff Mendoza 精美网页设计欣赏：http：//www.lanrentuku.com/show/web/20080715/web093036.shtml

（2）懒人图库——Olenik 优秀网页设计作品欣赏：http：//www.lanrentuku.com/show/web/20080715/web092702.shtml

（3）图萝网：http：//www.tuluo.com/网页模板/韩国商业公司网页模板-155

（4）月光软件网：http：//www.moon-soft.com/book/scwzfdzh.htm

（5）Coolnotions（美国）：http：//www.coolnotions.com/

（6）昵图网——经典网页设计欣赏：http://www.nipic.com/show/4/54/4e7b5184bdf00865.html

（7）数字驿站——经典网页设计欣赏：http://www.k1982.com/design/153031.htm

（8）火星时代：http://www.hxsd.com/news/mu/20071019/8055.html

（9）玻璃娃娃：http://www.jzsx.net/blog/user1/662/archives/2006/2617.html

（10）桌面城市：http://sc.deskcity.com/sucai/web

第十二讲 讲究点规范

——引自 http://it114study.com//webdesign/article/427277.htm

点石成金

俗话说，没有规矩不成方圆。只有符合规范才能被业界认可，才能被行家里手认为"像样儿"。

不仅仅是外观规范和"像样儿"。重要的是内涵"像样儿"和规范。图片尺寸、文件名称等要基本符合业内规定和共识。

网页的规范化不仅仅是为了被认可，它更有利于网站管理。所以，应该自觉遵守相关规范。

在网站规范化方面，既要尊重规则又要因势利导。

经验与忠告

（1）Logo、图片广告都有业内规定和共识。

（2）文件、文件夹按照一定规律命名有助于网站建设和维护。

（3）不要墨守成规。在具体设计时，这些规定和共识可以适当视具体情况变通。例如，尺寸通常受到布局的约束和限制。必须根据布局的需要调整一些图幅的尺寸。

（4）规范化的尺寸往往是一个范围。一般不超过规范尺寸的上下限即可。

技术补习

一、网站建设尺寸一般规范和共识

①页面标准按 800×600 分辨率制作，实际尺寸为 $778 \times 434px$；

②页面长度原则上不超过 3 屏，宽度不超过 1 屏；

③每个标准页面为 A4 幅面大小，即 8.5×11 英寸；

④全尺寸 banner 为 $468 \times 60px$，半尺寸 banner 为 $234 \times 60px$，小 banner 为 $88 \times 31px$；

⑤另外，120×90，120×60 也是小图标的标准尺寸；

⑥每个非首页静态页面含图片字节不超过 60K，全尺寸 banner 不超过 14K。

二、标准网页广告尺寸规格（表 12-1）

①$120 \times 120$，这种广告规格适用于产品或新闻照片展示。

②$120 \times 60$，这种广告规格主要用于做 Logo 使用。

③$120 \times 90$，主要应用于产品演示或大型 Logo。

④$125 \times 125$，这种规格适于表现照片效果的图像广告。

⑤$234 \times 60$，这种规格适用于框架或左右形式主页的广告链接。

⑥$392 \times 72$，主要用于有较多图片展示的广告条，用于页眉或页脚。

⑦$468 \times 60$，应用最为广泛的广告条尺寸，用于页眉或页脚。

⑧$88 \times 31$，主要用于网页链接，或网站小型 Logo。

表 12－1

广告形式	像素大小	最大尺寸	备注
BUTTON	120×60（必须用 gif）	7K	
	215×50（必须用 gif）	7K	
通栏	760×100	25K	静态图片或减少运动效果
	430×50	15K	
超级通栏	760×100～760×200	共40K	静态图片或减少运动效果
巨幅广告	336×280	35K	
	585×120		
竖边广告	130×300	25K	
全屏广告	800×600	40K	必须为静态图片，FLASH 格式
图文混排	各频道不同	15K	
弹出窗口	400×300（尽量用 gif）	40K	
BANNER	468×60（尽量用 gif）	18K	
悬停按钮	80×80（必须用 gif）	7K	
流媒体	300×200（可做不规则形状但尺寸不能超过 300×200）	30K	播放时间小于 5 秒 60 帧（1 秒/12 帧）

三、网页中的广告尺寸

①首页右上，尺寸 120×60。
②首页顶部通栏，尺寸 468×60。
③首页顶部通栏，尺寸 760×60。
④首页中部通栏，尺寸 580×60。
⑤内页顶部通栏，尺寸 468×60。
⑥内页顶部通栏，尺寸 760×60。
⑦内页左上，尺寸 150×60 或 300×300。
⑧下载地址页面，尺寸 560×60 或 468×60。
⑨内页底部通栏，尺寸 760×60。

⑩左漂浮，尺寸 80×80 或 100×100。
⑪右漂浮，尺寸 80×80 或 100×100。
⑫IAB 和 EIAA 发布新的网络广告尺寸标准，在这 6 种格式中，除了去年 iab 发布的 4 种"通用广告包"中的格式：160×600，300×250，180×150 及 728×90，还包括新公布的 468×60 和 120×600（擎天柱）2 种。

四、网站 Logo 设计规范

设计 Logo 时，面向应用的各种条件作出相应规范，对指导网站的整体建设有着极现实的意义。具体须规范 Logo 的标准色，设计可能被应用的恰当的背景配色体系，在清晰表现 Logo 的前提下制订 Logo 最小的显示尺寸，为 Logo 制订一些特定条件下的配色，辅助色带等方便在制作 banner 等场合的应用。另外应注意文字与图案边缘应清晰，字与图案不宜相交叠。另外，还可考虑 Logo 竖排效果，考虑作为背景时的排列方式等。

一个网络 Logo 不应只考虑在高分辨屏幕上的显示效果，应该考虑到网站整体发展到一个高度时相应推广活动所要求的效果，使其在应用于各种媒体时，也能充分地发挥视觉效果；同时，应使用能够给予多数观众好感而受欢迎的造型。所以，应考虑到 Logo 在传真、报纸、杂志等纸介质上的单色效果、反白效果、在织物上的纺织效果、在车体上的油漆效果，制作徽章时的金属效果、墙面立体的造型效果等。

8848 网站的 Logo 就因为忽略了字体与背景的合理搭配，圈住 4 字的圈成了 8 的背景，使其在网上彩色下能辨认的标识在报纸上做广告时糊涂一片，这样的设计与其努力上市的定位相去甚远。

比较简单的办法之一是把标识处理成黑白，能正确良好表达 Logo 涵义的即为合格。

五、网站文件命名规范

总的原则是，以最少的字母达到最容易理解的意义。
（1）索引文件统一使用 index.html 文件名（小写）。
（2）index.html 文件统一作为"桥页"，不制作具体内容，仅仅作为跳转页和 meta 标签页。主内容页为 main.html。
（3）按菜单名的英语翻译取单一单词为名称。例如，关于我们——aboutus；信息反馈——feedback；产品——product
（4）所有单英文单词文件名都必须为小写，所有组合英文单词文件名第二个起第一个字母大写；所有文件名字母间连线都为下划线。

（5）图片命名原则以图片英语字母为名。大小原则上同上。

例如：网站标志的图片为 logo.gif；鼠标感应效果图片命名规范为"图片名+_+on/off"。例如，menu1_on.gif/menu1_off.gif

（6）其他文件命名规范

js 的命名原则以功能的英语单词为名。例如：广告条的 js 文件名为：ad.js；所有的 cgi 文件后缀为 cgi 所有 cgi 程序的配置文件为 config.cgi。

六、网站目录设置规范

目录建立的原则：以最少的层次提供最清晰简便的访问结构。

（1）根目录。根目录指 dns 域名服务器指向的索引文件的存放目录。服务器的 ftp 上传目录默认为 html。

（2）根目录文件。根目录只允许存放 index.html 和 main.html 文件，以及其他必须的系统文件。

（3）每个语言版本存放于独立的目录。已有版本语言设置为：

简体中文：gb；繁体中文：big5；英语：en；日语：jp。

（4）每个主要功能（主菜单）建立一个相应的独立目录。

（5）根目录下的 images 为存放公用图片目录，每个目录下私有图片存放于各自独立 images 目录。

例如，\menu1\images；\menu2\images

（6）所有的 js 文件存放在根目录下统一目录\script

（7）所有的 css 文件存放在根目录下的 style 目录

（8）所有的 cgi 程序存放在根目录并列目录\cgi_bin 目录

推荐资源

（1）百度百科——网页设计标准：http://baike.baidu.com/view/1930169.htm

（2）墙角的花——网页设计规范：http://hi.baidu.com/huoxian2002/blog/item/d1904c815440bdd0bc3e1ee6.html

（3）百度中山吧——网页设计制作规范：http://tieba.baidu.com/f?kz=115504824

（4）中国站长站——网页设计过程中推荐的命名规范：http://www.chinaz.com/Design/Pages/0514K9212009.html

（5）飞豆网——网页设计规范：http://www.feedou.com/article pickserv-

第十二讲 讲究点规范

let？commandkey＝singlearticle&articleID＝52d2d9c719f5c561011a02a7462718fc

（6）叶信设计门户站——网页设计规范：http：//www.iebyte.com/cn/html/newds/buju/200812/07-6275_2.html

（7）知网空间——网页设计规范的未来：http：//www.cnki.com.cn/Article/CJFDTotal-DINA199903029.htm

第十三讲　让你的网页更科学

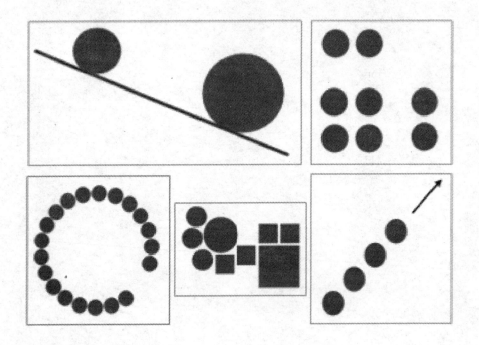

点石成金

　　网页也是一种媒体——视觉媒体。设计网页和设计其他视觉媒体一样，必须遵循有关设计原理和法则，才能"像样儿"。

　　要设计好网页，必须了解受众如何感知和接受视觉媒体，许多社会科学领域的理论，尤其是心理学、认知、教育等方面的一些理论可以也应该用于指导网页设计。

　　布局、内容的先后展示顺序、导航方式都要接受科学理论的指导，随意性的、没有原则的、不符合认知规律的设计必将导致网页的使用效果、使用效率、用户人数的下降，最终直接影响其社会效益和经济效益。

经验与忠告

科学是实用的基础和根本保障。让网页"像样儿"的最终目的不是为了"显摆"，不是为了"面子"，而是获得预期的社会效益和经济效益。

必须学习了解足够的视觉媒体理论、心理学和认知科学理论，才能使网页更"像样儿"。

格式塔原理是视觉设计领域通用的法则。

在远程教育网站中，认知理论对于指导知识的展开形式、网站的导航设计以及建构主义理论对于指导师生交互活动、自主学习活动设计具有重要意义。

技术补习

一、格式塔理论

格式塔心理学的主要代表人物是考夫卡。他在《格式塔心理学原理》一书中采纳并坚持了两个重要的概念：心物场（psycho-physical field）和同型论（isomorphism）。

在某些领域内，心理学和视觉传达设计学具有共同的研究兴趣，视觉知觉便是其中之一。许多年以来，心理学家们一直想确定，在知觉过程中人的眼和脑是如何共同起作用的。作为设计师，对此也同样感兴趣，因为视觉表现，比如，平面广告的设计，归根结底是给别人看的。所以格式塔理论虽然是心理学理论，但它对于平面设计、网页设计、艺术构图等不无指导意义。这一点早就在业界达成共识。毕竟，网页从本质上是一种视觉媒介。浏览者首先是通过电脑屏幕——视觉媒介感知信息的。对网页的感知在很大程度上取决于其"视觉感知"。这里介绍格式塔理论的一些法则。

1. 轮廓/区域

轮廓/区域关系是一种最基本的视觉感知法则。轮廓即"感知元素"内部与外部的区分（我们可以理解轮廓为无限精细的线段）。区域指某"感知元素"独占的背景、空间。如图 13-1 所示的两个圆形，哪个看起来更大一些？通常轮廓被称为"绝对感知元素"而区域被称为"实体周围的空间"或"空白"。在感知上，眼睛与大脑协调工作帮助我们专注的把轮廓从区域中分离出来。例如，当我们阅读时，我们必须把文字从纸张上阅读出来。同样，当我们察看显示器时,也必须从视觉上把各种各样的轮廓从它们所在的窗口、桌面上分离出来。有时恰恰相反,屏幕上的轮廓,不那么显而易见,因为太多的"感知元素"吸引着你的眼睛的注意力。

2. 均衡

浏览者倾向于寻求视觉组合中的秩序或平衡,就是均衡。在图13-2中,也许你觉得右边的圆形更重一些,而其实屏幕上的圆形根本没有重量。眼睛和大脑配合的视觉过程中,人们总是期望整个视场中存在一种均衡状态。例如,由于屏幕往往是与地面垂直,那么,在人们的感知中会认为屏幕上的图像也存在着重力系统。保持均衡就是"和谐",打破均衡可能造成"冲突",而完全不均衡就是"混乱"。

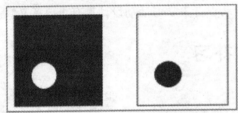

图13-1 轮廓/区域关系

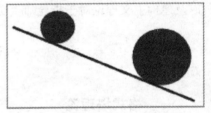

图13-2 均衡

3. 闭合

闭合,填充轮廓就是封闭的形状,眼睛和大脑配合总是在不断地完成这个封闭的过程。浏览者的视觉系统会认为封闭的形状比较稳定(这也是一种均衡)。

虽然图13-3中的圆形不完整,但你依然认为它存在着。在感知上,浏览者倾向于从视觉上封闭那些开放或未完成的轮廓。封闭是取悦用户视觉心理的重要原则。比如,为了让用户保持积极投入关注,设计师会故意创造一些简单的形状让浏览者去关闭。用户花越多的时间去关闭形状,设计可能就越令人难忘。但是,如果图形不能被闭合,观众的注意力就被分散,因为关闭它们实在太难了。

4. 贴近

当多个可见元素出现时,眼睛和大脑配合起来,倾向于根据它们的贴近和靠近关系进行分组。

图13-4中的那些圆形在你的视觉中分为几组?元素与另外的元素越贴近,用户越从视觉上认为它们团结的越紧密(可以理解为是一种"闭合")。设计师通常使用贴近的办法对同类内容进行分组,同时,留下间距,给用户的视觉以秩序和合理的休憩。

5. 延续

当许多元素有组织的排列在一个直线或曲线路径上，这个原则将让用户的视觉系统认为元素正在按照路径在延续下去（图13-5）。

视觉向量的指示作用——通常设计师使用这种构图原则将告诉浏览者的视觉系统按照元素组成视觉向量进行延续。

在网页上，这种延续的设计经常被用来指引用户在可以点击处停留，或者指引用户滚动页面进行浏览的延续；用户的眼睛会在视觉向量的引导下一页一页的进行浏览。

6. 相似

元素具有近似外观时会被看成是一组（图13-6）；同组中的元素可能具有相似的颜色、外形、大小、文本样式。相似度首先决定了区分度，此时贴近关系被弱化。当大量相似的元素出现的时候，视觉系统倾向于不把它们分开。当元素之间的相似性比较弱时，视觉系统倾向于使用贴近的原则对它们进行组织，形成统一的整体。因此，在创建网站的风格时，设计师可以使用近似的文本、颜色、图像和留白，让网页保持一致。

图13-3 闭合
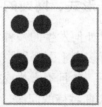
图13-4 贴近
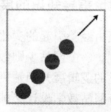
图13-5 延续
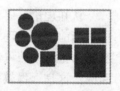
图13-6 相似

二、格式塔理论对于网页设计的指导意义

格式塔理论深入揭示了视觉感知规律及其与学习的关系，应用于网站（尤其是远程教育网站）的视觉设计（即屏幕设计）对于改善网站的视觉效果具有重要意义（表13-1）。按照格式塔理论设计网站，各网页的界面不仅要使浏览者感到美观舒适，更要有助于他们获得、理解信息。

具体而言，按照简化原则的要求，远程教育网站的文本密度和屏幕密度应该比普通网站小得多，每个网页的长度不宜过长，每门课程所涉及的网页数目不宜过多；而按照闭合规律，网页中的文字提纲、目录和导航文本应该认真反复斟酌，消除其模糊性和二义性，以防误导学习者的学习进程；要注意计算机屏幕与印刷媒体的差异性，充分发挥屏幕显示色彩丰富、可展示动态过程等优势。以图像、动画、视频信息取代长篇文字叙述,更简洁、更直观,也更完整,有助于学习者理解和掌握。这既是简化原则的要求,也是闭合规律的要求。同时,也是消除"超混乱"的基础之一。

表13-1 格式塔理论对网页设计的指导意义

理论要点	指导意义
图形背景反差规律	确保背景色彩或图片不影响主体信息的显示
简化原则	使用简化图形引入新信息,以闪烁、动画等属性吸引浏览者
靠近原则	将杂乱的信息分类放置,并保持足够的间隔
相似规律	不同级别信息有不同属性(色彩、字体、字号等),且全网站一致
闭合规律	信息要准确完整,使用普通术语

值得注意的是,当同时应用简化原则和闭合规律有矛盾时,应首先考虑符合闭合规律。因为远程教学的基本要求在于保证学生能够充分理解网站信息,符合闭合规律是教学设计需满足的必要条件,而符合简化原则只是辅助条件。

三、以认知理论指导知识的展开形式、网站的导航设计

认知理论是研究由经验引起的变化是如何发生的一种学习理论。它强调机体对当前情境的理解。一个网站少则数百多则上万个网页。怎样的导航方式有利于浏览者按照科学的逻辑展开网站资源,并且不干扰或打断其正常的学习思路呢?这是远程教育网站教学设计必须认真对待的问题,也是消除"超混乱"的关键环节。对此,充分认识网页设计的认知作用是必要的。网页设计的认知因素涉及信息的组织方式、导航与路径寻找、认知负荷等。过多的媒体操作技术支持、大量非结构化的信息、不易理解的屏幕元素、随意的、没有提示作用的导航设计是"超混乱"的根本所在,也是学习者的最大障碍。因此,认知理论对于远程教育网站教学设计的指导意义是显而易见的。表13-2所列似乎只涉及内容的组织,实则与导航和布局方式密切相关。例如,为充分体现认知图式的作用,网站的主页上应该以若干有名称的图标展示功能模块,其内容放在相应模块的目标超链接网页中;而教学内容则最好按章节的逻辑顺序展开,采用左右框架布局,左框架为各章节(可以按章或节折叠或展开)目录标题的超链接文本,右框架用于显示目标章节的内容。这种设计,对于实现人机交互方便自然,也与上述格式塔理论(简化、靠近原则)的要求相吻合。值得注意的是,动画或声音的应用既有正面意义,也有负面影响,要以最少的应用获得最佳的效果。这主要以不分散学习者注意力为原则:一是动态或音频信息不易过多,以免造成"超混乱";二是实现多媒体播放的人机交互控制,并对

控制方法予以简捷、明了的提示。

表 13-2　认知理论对于远程教育网站教学设计的指导意义

主要观点	指导意义
认知图式、图网、提纲有助于认知	向远程学习者提供有利于学习的图示或提纲
概念的形成是一个互动过程	准备正反案例,师生开展同步或异步活动,促进概念形成
调动过去的知识有助于新认知	新内容开始前先归纳旧知识;网上提交的作业多出多项选择题
动机图形、动画和声音有助于认知	谨慎使用,要与教学内容密切相关,否则会分散注意力

四、以建构主义理论指导师生交互活动、自主学习活动设计

建构主义也译作结构主义,是认知心理学派中的一个分支。建构主义理论一个重要概念是图式,图式是认知结构的起点和核心,或者说是人类认识事物的基础。作为一种认识论,建构主义对教学的指导意义已经得到社会认可和重视。将建构主义的理论假设、建构主义对教学的启示、网络的独特性进行整合应当成为远程教育网站教学设计的任务和努力方向之一。表 13-3 列出了建构主义对远程教育网站教学设计的指导意义。

建构主义认为,学习者扮演的不是单纯的信息接受者角色,建构主义指导下的学习活动强调学习者的参与性和主动性。相应地,建构主义的网页应该有很高的交互程度,交互策略应该是自适应型的。具体地,表 13-3 中第一点用于设计网上作业,就不应该只是填空、选择、问答式习题,而更注重发挥学习者能动性。例如在中/外文语言课教学中,可给出一系列词汇,由学习者自主添加词汇将其串联成一段有意义的文字;在计算机程序设计教学中,可给出几个基础语句或命令,由学习者编写一段程序等。对此,网站设计者的任务只是提供足够的可供构建学习活动的基础信息。但必要时还要体现教师的参与和监控。如第二点用于设计讨论式教学活动,教师要控制不得"跑题"并控制时间。第三点用于实践教学设计,除了网站上给出活动要求,明确相应工具(软件)的用法,要求学生提交活动计划和活动结果外,教师要限制完成时间,并检查完成结果。

表 13-3　建构主义对远程教育网站教学设计的指导意义

	主要观点	指导意义
1	学习者根据自己的经历建构自己的理解	使学习者根据所提供的信息来构建有意义的学习活动
2	支持学习过程中的社会互动	通过聊天室、E-mail、BBS 实现师生、生生交互
3	学生应在真实环境中解决实际问题	通过模拟教室、实验室、实习点的环境进行教学

附 录

附录1　HTML标记与属性速查表

类别	标记与属性	功能
基本标签	< html > </html >	创建一个 HTML 文档
	< head > </head >	设置文档标题以及其他不在 WEB 网页上显示的信息
	< body > </body >	设置文档的可见部分
	< title > </title >	将文档的题目放在标题栏中
文档整体属性	< body bgcolor = ? >	设置背景颜色，使用名字或十六进制值
	< body text = ? >	设置文本文字颜色，使用名字或十六进制值
	< body link = ? >	设置链接颜色，使用名字或十六进制值
	< body vlink = ? >	设置已使用的链接的颜色，使用名字或十六进制值
	< body alink = ? >	设置正在被击中的链接的颜色，使用名字或十六进制值
文本标签	< pre > </pre >	创建预格式化文本
	< h1 > </h1 >	创建最大的标题
	< h6 > </h6 >	创建最小的标题
	< b > </b >	创建黑体字
	< i > </i >	创建斜体字
	< tt > </tt >	创建打字机风格的字体
	< cite > </cite >	创建一个引用，通常是斜体
	< em > </em >	加重一个单词（通常是斜体加黑体）
	< strong > </strong >	加重一个单词（通常是斜体加黑体）
	< font size = ? > </font >	设置字体大小，从1到7
	< font color = ? > </font >	设置字体的颜色，使用名字或十六进制值
链接	< a href = " URL " > </a >	创建一个超链接
	< a href = " mailto：EMAIL " > </a >	创建一个自动发送电子邮件的链接
	< a name = " NAME " > </a >	创建一个位于文档内部的靶位
	< a href = "#NAME " > </a >	创建一个指向位于文档内部靶位的链接
	< p >	创建一个新的段落

（续表）

类别	标记与属性	功能
格式排版	< p align = ? >	将段落按左、中、右对齐
	< br >	插入一个回车换行符
	< blockquote > </blockquote >	从两边缩进文本
	< dl > </dl >	创建一个定义列表
	< dt >	放在每个定义术语词之前
	< dd >	放在每个定义之前
	< ol > </ol >	创建一个标有数字的列表
	< li >	放在每个数字列表项之前，并加上一个数字
	< ul > </ul >	创建一个标有圆点的列表
	< li >	放在每个圆点列表项之前，并加上一个圆点
	< div align = ? >	一个用来排版大块 HTML 段落的标签，也用于格式化表
层		
图形元素	< img src = "name" >	添加一个图像
	< img src = "name" align = ? >	排列对齐一个图像：左中右或上中下
	< img src = "name" border = ? >	设置围绕一个图像的边框的大小
水平线	< hr >	加入一条水平线
	< hr size = ? >	设置水平线的大小（高度）
	< hr width = ? >	设置水平线的宽度（百分比或绝对像素点）
	< hr noshade >	创建一个没有阴影的水平线
表格	< table > </table >	创建一个表格
	< tr > </tr >	开始表格中的每一行
	< td > </td >	开始一行中的每一个格子
	< th > </th >	设置表格头：一个通常使用黑体居中文字的格子
	< table border = # >	设置围绕表格的边框的宽度
	< table cellspacing = # >	设置表格格子之间空间的大小
	< table cellpadding = # >	设置表格格子边框与其内部内容之间空间的大小
	< table width = # or % >	设置表格的宽度 - 用绝对像素值或文档总宽度的百分比
表格属性	< tr align = ? > or < td align = ? >	设置表格格子的水平对齐（左中右）
	< tr valign = ? > or < td valign = ? >	设置表格格子的垂直对齐（上中下）
	< td colspan = # >	设置一个表格格子应跨占的列数（缺省为1）
	< td rowspan = # >	设置一个表格格子应跨占的行数（缺省为1）
	< td nowrap >	禁止表格格子内的内容自动断行回卷

（续表）

类别	标记与属性	功能
框架	\<frameset\> \</frameset\>	放在一个窗框文档的\<body\>标签之前，也可以嵌在其他窗框文档中
	\<frameset rows="value, value"\>	定义一个窗框内的行数，可以使用绝对像素值或高度的百分比
	\<frameset cols="value, value"\>	定义一个窗框内的列数，可以使用绝对像素值或宽度的百分比
	\<frame\>	定义一个窗框内的单一窗或窗区域
	\<noframes\> \</noframes\>	定义在不支持窗框的浏览器中显示什么提示
	\<frame src="URL"\>	规定窗框内显示什么HTML文档
	\<frame name="name"\>	命名窗框或区域以便别的窗框可以指向它
	\<frame marginwidth=#\>	定义窗框左右边缘的空白大小，必须大于等于1
	\<frame marginheight=#\>	定义窗框上下边缘的空白大小，必须大于等于1
	\<frame scrolling=VALUE\>	设置窗框是否有滚动栏，其值可选"yes","no","auto"，缺省时为"auto"
	\<frame noresize\>	禁止用户调整一个窗框的大小
表单		对于功能性的表单，一般需要运行一个CGI小程序，HTML仅仅是产生表单的表面样子
	\<form\> \</form\>	创建所有表单
	\<select multiple name="NAME" size=?\> \</select\>	创建一个滚动菜单，size设置在需要滚动前可以看到的表单项数目
	\<option\>	设置每个表单项的内容
	\<select name="NAME"\> \</select\>	创建一个下拉菜单
	\<textarea name="x" cols=40 rows=8\> \</textarea\>	创建一个文本框区域，列的数目设置宽度，行的数目设置高度
	\<input type="checkbox" name="NAME"\>	创建一个复选框，文字在标签后面
	\<input type="radio" name="NAME" value="x"\>	创建一个单选框，文字在标签后面
	\<input type=text name="foo" size=20\>	创建一个单行文本输入区域，size设置以字符计的宽度
	\<input type="submit" value="NAME"\>	创建一个submit（提交）按钮
	\<input type="image" border=0 name="NAME" src="name.gif"\>	创建一个使用图象的submit（提交）按钮
	\<input type="reset"\>	创建一个reset（重置）按钮

附录2　网页设计中用到的色彩名称及对应颜色值

色彩名称	色彩值	色彩名称	色彩值
aliceblue	f0f8ff	darkseagreen	8fbc8f
antiquewhite	faebd7	darkslateblue	483d8b
aqua	00ffff	darkslategray	2f4f4f
aquamarine	7fffd4	darkturquoise	00ced1
azure	f0ffff	darkviolet	9400d3
beige	f5f5dc	deeppink	ff1493
bisque	ffe4c4	deepskyblue	00bfff
black	000000	dimgray	696969
blanchedalmond	ffebcd	dodgerblue	1e90ff
blue	0000ff	firebrick	b22222
blueviolet	8a2be2	floralwhite	fffaf0
brown	a52a2a	forestgreen	228b22
burlywood	deb887	fuchsia	ff00ff
cadetblue	5f9ea0	gainsboro	dcdcdc
chartreuse	7fffa0	ghostwhite	f8f8ff
chocolate	d2691e	gold	ffd700
coral	ff7f50	goldenrod	daa520
cornflowerblue	6495ed	gray	808080
cornsilk	fff8dc	green	008000
crimson	dc143c	greenyellow	adff2f
cyan	00ffff	honeydew	f0fff0
darkblue	00008b	hotpink	ff69b4
darkcyan	008b8b	indianred	cd5c5c

（续表）

色彩名称	色彩值	色彩名称	色彩值
darkglodenrod	b8860b	indigo	4b0082
darkgray	a9a9a9	ivory	fffff0
darkgreen	006400	khaki	f0e68c
darkkhaki	bdb76b	lavender	e6e6fa
darkmagenta	8b008b	lavenderblush	fff0f5
darkolivegreen	556b2f	lawngreen	7cfc00
darkorange	ff8c00	lemonchiffon	fffacd
darkorchid	9932cc	lightblue	add8e6
darkred	8b0000	lightcoral	f08080
darksalmon	e9967a	lightcyan	e0ffff
Lightgoldenrod yellow	fafad2	orange	ffa500
lightgreen	90ee90	orangered	ff4500
lightgray	d3d3d3	orchid	da70d6
lightpink	ffb6c1	palgodenrod	eee8aa
lightsalmon	ffa07a	palegreen	98fb98
lightseagreen	20b2aa	paleturquoise	afeeee
lightskyblue	87cefa	palevioletred	db7093
lightslategray	778899	papayawhip	ffefd5
lightsteelblue	b0c4de	peachpuff	ffdab9
lightyellow	ffffe0	peru	cd853f
lime	00ff00	pink	ffc0cb
limegreen	32cd32	plum	dda0dd
linen	faf0e6	powderblue	b0e0e6
megenta	ff00ff	purple	800080
maroon	800000	red	ff0000
mediumaquamarine	66cdaa	rosybrown	bc8f8f
mediumblue	0000cd	royalblue	4169e1
mediummorchid	ba55d3	saddlebrown	8b4513
mediumpurple	9370db	salmon	fa8072
mediumseagreen	3cb371	sandybrown	f4a460
mediumslateblue	7b68ee	seagreen	2e8b57

（续表）

色彩名称	色彩值	色彩名称	色彩值
mediumspringgreen	00fa9a	seashell	fff5ee
mediumturquoise	48d1cc	sienna	a0522d
mediumvioletred	c71585	silver	c0c0c0
midmightblue	191970	skyblue	87ceeb
mintcream	f5fffa	slateblue	6a5acd
mistyrose	ffe4e1	slategray	708090
moccasin	ffe4b5	snow	fffafa
navajowhite	ffdead	white	ffffff
navy	000080	whitesmoke	f5f5f5
oldlace	fdf5e6	yellow	ffff00
olive	808000	yellowgreen	9acd32
olivedrab	6b8e23	springgreen	00ff7f
tomato	ff6347	steelblue	4682b4
turquoise	40e0d0	tan	d2b48c
violet	ee82ee	teal	008080
wheat	f5deb3	thistle	d8bfd8

让你的网页更像样儿

附录 3　Microsoft 设计主管 Peter Stern 谈 Web 设计经验

（作为设计主管，Peter Stern 已经领导 microsoft.com 重新设计了主页并且开发了五个不同的交互工具，这些工具被用于下载中心、产品目录、配置文件中心、搜索和注册等联机功能。他为几个内部工具设计了用户界面，并且正致力于创建将于今年晚些时候发布的下一代主页。）

从头衔上，您可能认为我主要关心的是 microsoft.com 的 Web 站点几千个网页的版面设计。的确，这些确实是我所关注的。视觉上的吸引力是重要的，但是，这仅仅是工作的一小部分。而最终的目的是确保整个站点运转正常。

我的意思是，人们通常在访问 microsoft.com 时，并未将它当作艺术作品来赞赏，而是为了获得有关产品的信息，或者有一些技术问题需要咨询，或是阅读有关开发商的期刊。所以网站的设计应该尽量清楚和有条理，以便他们能够容易地找到所需信息。

一、设计站点

在进行 Web 设计时——在设计过程中——形式应该服从功能。这种方法应用于我们站点的整个设计过程中。当然，我们有最新的 Web 工具，并且能够将各种可视的小配件上载到网页上。但是我们认为，这样做将不利于为访问者提供有效的服务。

事实上，我经常发现一些站点未将重点放在功能上。常见的错误包括：

（1）用户界面元素不一致。例如，同一个控件在不同的页面上功能不同，或者同一个功能对应几个用户界面控件。

（2）导航栏位置不一致。决定站点的哪些页和功能需要在站点的任何页上都可被访问到。这就是应该保持一致性的"全局导航栏"。

（3）不太注意或根本不注意基本的图形设计原则，例如排版式样、色彩和版面的设计。

（4）相关元素和功能的随意分组。注意将元素放置在网页上的位置和目的，这可帮助访问者从其它相邻的选择和位置来推断某个链接的功能。

(5) 使网页过于庞大以至使访问者需要通过典型的调制解调器速度Internet连接进行长时间的下载。这并不是说不应该使用图形，但是，您需要对它们进行精挑细选，然后用适当的压缩和颜色索引优化它们。

现在的Web站点仍然存在很多问题，这并不奇怪。毕竟，Web设计"艺术"相对来说还是个新生事物。在四五年以前，Web页甚至是普通的。那时，人们好像认为他们的Web站点将会吸引访问者只是因为它们存在——并且，可能在某些情况下这种方法确实有效。但是这些站点一般很难看，并且更重要的是，它们真的难以使用。接下来便进入"看看我们能做些什么"阶段，在网页中加入了大量的动画、声音文件以及其它附加件，导致访问者需要长时间地进行下载，但是并未获得多少实实在在的内容。

如今的Web设计师们已经吸取了前人的经验和教训。好的站点倾向于简化和快速，同时在功能上有所提高。这是Microsoft的目标，而且我们最先承认自己所犯的错误（参阅"Microsoft的Web简史"看一看以前的主页设计）。

设计错误并不总是显而易见的。有时在设计上对一个小元素的移动或更改将有很少或根本没有影响。但是，在其他情况下，它可能确实会对页面功能有所影响。而且如果说我们从过去几年学到了一些东西，那就是小的改动会使Web页的运行方式有很大的不同。

二、明确的流程

若要避免类似问题，我们为新服务（例如，"搜索"）的创建或关键的Web页（如主页）设计了一个明确的流程。每个项目都是在一定的基础上开始的，即我们有一个受益于我们站点上的页面部分或用户界面元素的产品或服务。在早期的产品计划阶段（第1阶段），我被要求设计一些初级模型：大致描述页面部分或功能的草图。然后产品项目组检查产品计划建议，看看此项服务是否可以为microsoft.com的访问者真正带来一些实惠。

如果答案是"可以"，那么，此项目会获得批准，我们开始写项目说明书（第2阶段）。我们在第1阶段的草图和概念基础上创建并提出一个更为完整的计划。这时，我们一般还会开始可用性测试（一般会有书面的模型）以了解潜在用户将对计划中的设计作出何种反应。在最后开发阶段（第3阶段），我们创建运行计划服务的Web原型，并且进行全面的可用性测试以及内部复查。然后完成站点的代码，修改程序错误，最后站点通过实际运转的Web站点向客户发布。

正如您所见到的，可用性在整个流程中扮演着重要的角色（参阅"创建

让你的网页更像样儿

有效的Web界面需要认真计划")。我们可以为用户运行某项任务计时,这样我们就可以在产品以后的版本中对比相同的测试。我们可以使用这种方法进行度量,以确定一个功能的重新设计是否为客户带来任何真正的价值。

还有,我们将仔细地观察以了解可用性对象是否可以计算出如何正确使用新功能——我们称为"可发现性"的方法。有时这为我们提供了一些挑战。例如,在我们的站点上,在搜索引擎中键入一个词组或字会产生一列结果。然后我们请用户选择在这些结果中进行搜索,以便进行更细的搜索并且导向某一页或资源。但是,即使"在结果范围内搜索"被明显地标记在深色标签上,很少有人熟悉它。一些用户认为他们正开始新的搜索,并且可能毫无结果。我们正在解决这个问题以确保客户可以利用microsoft.com上所有丰富的功能来提高他们对此站点的认识。

选项"在结果范围内搜索"看上去很直观,但不是非常易发现的。此问题一直是困扰我们的设计的问题之一。

三、最后阶段

大体来讲,站点设计是在发生冲突的需求之间求得平衡的艺术。一方面,我要将站点设计得尽量简单易用。另一方面,我要确保站点中所有强大的工具可为经验丰富的用户所用。与此同时,我还要为内部客户服务——Microsoft产品项目组——他们对服务有特殊的需要。所以每天我都要解决一些非常困难的问题,经常处于很紧迫的情形中。我发现这种工作是鼓舞人心和有趣的。

这个职业非常需要更熟练的专业人员。我是经过一系列非常不一般的过程——在大学学习图形艺术,然后在多媒体公司设计CD-ROM,最后加入Microsoft并开发应用程序——才获得这个职位的。非常奇怪的是,当我申请(并获得)这份工作时,我以前从来没有设计过Web页。但是,我广泛的设计经历已经证明是非常有用的,并且我自认为已经验证了格言"成功的设计就是成功的设计"(不论是什么媒体)。许多设计问题对Web来说是独一无二的,解决这些问题的方法对于任何媒体都是一样的。

对于那些准Web设计师我的建议是,他们也应该尽可能地扩大设计背景。今天应该确保将一些Web工作作为互动设计培训的一部分——大多数好的设计学校已将其加入课程中。但是,在排版、色彩理论、版面设计以及生产等方面的扎实的技术将仍然特别有价值。在未来,Web设计师们仍将会继续被要求给页面增加更丰富的多媒体内容,从而为Web站点的可视性和可操作性增加了新一级的复杂性和技术要求。作为CD-ROM/多媒体设计师,要求我必须具有图形设计、视频、音频制作、动画等方面的知识和创作能力。我的预言是，Web设计师也将向这些领域发展。

对于属于microsoft.com的我们——以及在Internet上的其他地方——那应该是一个非常有趣的未来。

了解您的观众。调查一下究竟哪些人在访问您的站点，以及他们为什么要访问。新手或不定期上网的Web用户与软件开发商相比有非常不同的兴趣和站点需要。使您的站点对访问者来说有所帮助。

为您的观众提供所需的信息。使导航元素保持一致，并且确保对访问率最高的区域进行明显的标记，使它们易于被找到。

有几点你还得注意：

使用清楚的消息：确保用户了解此页面的上下文，并且知道需要他们做些什么。如果在注册过程中您要用户输入姓名，那么，就直截了当地说。不要让访问者自己计算什么，他们会感到沮丧，于是转到其他更简单的站点（例如，您的竞争对手的站点）。

保持一致性：虽然更改不同Web页的外观并不难，但这并不意味着您应该这么做。将主要功能——例如，返回"主页"的链接或者执行一个搜索——放在每页的相同位置。在microsoft.com上，黑色全局导航工具栏的位置在四十多万页上都是一样的。

使站点可用：牢记设计和测试站点的可用性。确保用户可容易地执行任务以获得所需信息。估算任务时间和任务完成率，然后努力进行改善。如果新的设计没有在这些方面获得改善，那么，就不要实施它。重新从草图（或最初的计划）开始并尝试其他方法。

保持简洁：说起来容易做起来难。尝试征求反馈意见。有时新人可以很容易找到解决方案。

尝试新的东西：不要害怕打破常规，尝试一些完全不同的东西。如果您不试试，永远不会找到真正的答案。

——Microsoft·Peter

附录4　Web网站的设计、管理与维护的十二项要点

一、目标明确、定位正确

Web站点的设计是企业或机构发展战略的重要组成部分。要将企业站点作为在因特网——这个新媒体上展示企业形象、企业文化的信息空间，领导一定要给予足够的重视，明确设计站点的目的和用户需求，从而作出切实可行的计划。

挑选与锤炼企业的关键信息，利用一个逻辑结构有序地组织起来，开发一个页面设计原型，选择用户代表来进行测试，并逐步精炼这个原型，形成创意。分析有些网站的效果不如预想的好，主要原因是对用户的需求理解有偏差，缺少用户的检验造成的。设计者常常将企业的市场营销和商业目标放在首位，而对用户和潜在的用户的真正需求了解不多。所以，企业或机构应清楚地了解本网站的受众群体的基本情况，如受教育程度、收入水平、需要信息的范围及深度等，从而能够有的放矢。

二、主题鲜明、富有特色

在目标明确的基础上，完成网站的构思创意即总体设计方案。对网站的整体风格和特色作出定位，规划网站的组织结构。

Web站点应针对所服务对象（机构或人）不同而具有不同的形式。有些站点只提供简洁文本信息；有些则采用多媒体表现手法，提供华丽的图像、闪烁的灯光、复杂的页面布置，甚至可以下载声音和录像片段。最好的Web站点将把图形图像表现手法和有效的组织与通信结合起来。

要做到主题鲜明突出，力求简洁，要点明确，以简单明确的语言和画面告诉大家本站点的主题，吸引对本站点有需求的人的视线，对无关的人员也能留下一定的印象。对于一些行业标志和公司的标志应充分加以利用。

调动一切手段充分表现网站的个性和情趣，突出个性，办出网站的特色。

Web 站点主页应具备的基本成分包括：
页头：准确无误地标识你的站点和企业标志；
E-mail 地址：用来接收用户垂询；
联系信息：如普通邮件地址或电话；
版权信息。

注意重复利用已有信息，如客户手册、公共关系文档、技术手册和数据库等可以轻而易举地用到企业的 Web 站点中。

三、版式编排布局合理

网页设计作为一种视觉语言，当然要讲究编排和布局，虽然主页的设计不等同于平面设计，但它们有许多相近之处，应充分加以利用和借鉴。

版式设计通过文字图形的空间组合，表达出和谐与美。版式设计通过视觉要素的理性分析，和严格的形式构成训练，培养对整体画面的把握能力和审美能力。一个优秀的网页设计者也应该知道哪一段文字图形该落于何处，才能使整个网页生辉。

努力做到整体布局合理化、有序化、整体化。优秀之作，善于以巧妙、合理的视觉方式使一些语言无法表达的思想得以阐述，做到丰富多样而又简洁明了。

多页面站点页面的编排设计要求把页面之间的有机联系反映出来，这里主要的问题是页面之间和页面内的秩序与内容的关系。为了达到最佳的视觉表现效果，应讲究整体布局的合理性。特别是关系十分紧密的有上下文关系的页面，一定设计有向前和向后的按钮，便于浏览者仔细研读。

站点设计简单有序，主次关系分明，将零乱页面的组织、过程混杂的内容依整体布局的需要进行分组归纳，经过进行具有内在联系的组织排列，反复推敲文字、图形与空间的关系，使浏览者有一个流畅的视觉体验。

四、色彩和谐重点突出

色调及黑、白、灰的三色空间关系不论在设计还是在绘画方面都起着重要的作用。在页面上一定得明确色调性，而其他有色或无色的内容均属黑、白、灰的三色空间关系，从而构成它们的空间层次。

色彩是艺术表现的要素之一，它是光刺激眼睛再传导到大脑中枢而产生的一种感觉。在网页设计中，根据和谐、均衡和重点突出的原则，将不同的色彩进行组合、搭配来构成美丽的页面。

利用色彩对人们心理影响的成果，合理地加以运用。按照色彩的记忆性原则,一般暖色较冷色的记忆性强。色彩还具有联想与象征的特质,如红色象征火、血、太阳;蓝色象征大海、天空和水面等。所以,设计出售冷食的虚拟店面,应使用消极而沉静的颜色,使人心理上感觉凉爽一些。

在色彩的运用过程中,还应注意的一个问题是:由于国家和种族的不同,宗教和信仰的不同,生活的地理位置、文化修养的差异,不同的人群对色彩的喜恶程度有着很大差异。如儿童喜欢对比强烈、个性鲜明的纯颜色;生活在草原上的人喜欢红色;生活在闹市中的人喜欢淡雅的颜色;生活在沙漠中的人喜欢绿色。在设计中要考虑主要读者群的背景和构成。

五、形式内容和谐统一

形式服务于内容,内容又为目的服务,形式与内容的统一是设计网页的基本原则之一。

画面的组织原则中,将丰富的意义和多样的形式组织在一个统一的结构里,形式语言必须符合页面的内容,体现内容的丰富含义。

运用对比与调和,对称与平衡,节奏与韵律以及留白等手段,如通过空间、文字、图形之间的相互关系建立整体的均衡状态,产生和谐的美感。如对称原则在页面设计中,它的均衡有时会使页面显得呆板,但如果加入一些动感的的文字、图案,或采用夸张的手法来表现内容往往会达到比较好的效果。

点、线、面是视觉语言中的基本元素,使用点、线、面的互相穿插、互相衬托、互相补充构成最佳的页面效果。

点是所有空间形态中最简洁的元素,也可以说是最活跃、最不安分的元素。设计中,一个点就可以包罗万象,体现设计者的无限心思,网页中的图标,单个图片,按钮或一团文字等都可以说是点。点是灵活多变的,我们可以将一排文字视为一个点,将一个图形视为一个点。在网页设计中的点,由于大小、形态、位置的不同而给人不同的心理感受。

线是点移动的轨迹,线在编排设计中有强调、分割、导线、视觉线的作用。线会因方向、形态的不同而产生不同的视觉感受,例如,垂直的线给人平稳、挺立的感觉,弧线使人感到流畅、轻盈;曲线使人跳动、不安。在页面中内容较多时,就需进行版面分割,通过线的分割保证页面良好的视觉秩序,页面在直线的分割下,产生和谐统一的美感;通过不同比例的空间分割,有时会产生空间层次韵律感。

面的形态除了规则的几何形体外,还有其他一些不规则的形态,可以说表现形式是多种多样的。面在平面设计中是点的扩大,线的重复形成的。面状给人以整体美感,使空间层次丰富,使单一的空间多元化,在表达上较含蓄。

网页设计中点、线、面的运用并不是孤立的,很多时候都需要将它们结合起来,表达完美的设计意境。

六、三维空间指置有方

网络上的三维空间是一个假想空间,这种空间关系需借助动静变化、图像的比例关系等空间因素表现出来。

在页面中图片、文字位置前后叠压,或位置疏密或页面上、左、右、中、下位置所产生的视觉效果都各不相同。在网页上,图片、文字前后叠压所构成的空间层次目前还不多见,网上更多的是一些设计得比较规范化、简明化的页面,这种叠压排列能产生强节奏的空间层次,视觉效果强烈。网页上常见的是页面上、左、右、下、中位置所产生的空间关系,以及疏密的位置关系所产生的空间层次,这两种位置关系使视觉流程生动而清晰,视觉注目程度高。疏密的位置关系使产生的空间层次富有弹性,同时,也让人产生轻松或紧迫的心理感受。

需指出,随着 Web 的普及和计算机技术的迅猛发展,人们对 Web 语言的要求也日益增长。人们已不满足于 HTML 语言编制的二维 Web 页面,三维世界的诱惑开始吸引更多的人,虚拟现实要在 Web 网上展示其迷人的风采,于是 VRML 语言出现了。VRML 是一种面向对象一种语言,它类似 Web 超级链接所使用的 HTML 语言,也是一种基于文本的语言,并可以运行在多种平台之上,只不过能够更多的为虚拟现实环境服务。VRML 只是一种语言,对于三维环境的艺术设计仍需要理论和实践指导。

七、多媒体功能的利用

最大资源优势在于多媒体功能,因而要尽一切努力挖掘它,吸引浏览者保持注意力。因而画面的内容应当有一定的实用性,如产品的介绍甚至可以用三维动画来表现。

这里需要注意的问题是,由于网络带宽的限制,在使用多媒体的形式表现网页的内容时应考虑客户端的传输速度,或者说将多媒体的内容控制在用户可接收的下载时间内是十分必要的。

八、相关站点引导链接

一个好的网站的基本要素是用户进入后,与本网站相关的信息都可以方便快捷地找到,其中要借助于相关的站点,所以,做好导引是一项重要的工作。超文本这种结构使全球所有联上因特网的计算机成为超大规模的信息库,链接到其他网站轻而易举。

在设计网页的导引组织时,应该给出多个相关网站的链接,使得用户感到想得到的信息就在鼠标马上就可以点击的地方。

九、网站测试必不可少

为什么精心设计的网站是经得起推敲的,就是因为它经过认真细致的测试。测试实际上就是模拟用户访问网站的过程,得以发现问题改进设计。

由于一般网站设计都是一些专业人员设计的,他们对计算机和网络有较深的理解,但要考虑到访问网站的大部分人只是使用计算机和网络,应切实满足他们的需要。所以,有许多成功的经验表明,让对计算机不是很熟悉的人来参加网站的测试工作效果非常好,这些人会提出许多专业人员没有顾及到的问题或一些好的建议。

十、及时更新认真回复

企业 Web 站点建立后,要不断更新内容,利用这个新媒体宣传本企业的企业文化、企业理念、企业新产品。站点信息的不断更新和新产品的不断推出,让浏览者感到企业的实力和发展,同时,也会使企业更加有信心。

在企业的 Web 站点上,要认真回复用户的电子邮件和传统的联系方式如信件、电话垂询和传真,做到有问必答。最好将用户进行分类,如售前一般了解、销售、售后服务等,由相关部门处理,使网站访问者感受到企业的真实存在,产生信任感。

注意不要许诺你实现不了的东西,在你真正有能力处理回复之前,不要急于让用户输入信息或罗列一大堆自己不能及时答复的电话号码。

如果要求访问者自愿提供其个人信息,应公布并认真履行一个个人隐私保护承诺,如不向第三方提供此信息等。

十一、合理地运用新技术

因特网是 IT 界发展最快的领域,其中,新的网页制作技术几乎每天都会出现,如果不是介绍网络技术的专业站点,一定要合理地运用网页制作的新技术,切忌将网站变为一个制作网页的技术展台,永远记住用户方便快捷地得到所需要的信息是最重要的。

但对于网站设计者来说,必须学习跟踪掌握网页设计的新技术,如 Java、DHTML、XML 等,根据网站的内容和形式的需要合理地应用到设计中。

十二、推广站点的方法：广泛散布你的 Web 地址

网站已经建好，下面的工作是欢迎大家访问浏览。那么，如何让人们知道你的网址呢？

利用传统的媒体（如印刷广告、公关文档及促售宣传等），欢迎所有人参观是一种十分有效的方法；

对待公司的网址像对待其商标一样，印制在商品的包装和宣传品上；

与其他网站交换链接或购买其他网站的图标广告；

向因特网上的导航台提交本站点的网址和关键词，在页面的原码中，可使用 META 标签加入主题词，以便于搜索引擎识别检索，使你的站点易于被用户查询到。注意向访问率较高的导航台，如 Yahoo、Excite、AltaVista、Infoseek、HotBot 注册；

通过在网站上设立有奖竞赛的方式，让浏览者填写如年龄、行业、需求、光顾本站点的频度等信息，从而得到访问者的统计资料，这些可是一笔财富，以供调整网站设计和内容更新时参考。

总之，在每天不断增长的 Web 站点中，如何独树一帜、鹤立鸡群是对网站设计者综合能力的考验和挑战。

参考文献

1. 陈峰，孙威等．网页制作全接触——HTML4.0&CSS．北京：人民邮电出版社，2003年第一版
2. ［美］David Crowder, Rhonda Crowder, Building a Web Site For Dummies, 北京：电子工业出版社，2005年5月第一版
3. 史文崇．Dreamweaver网页设计实用教程．北京：中国农业科学技术出版社，2008年6月第一版
4. 史文崇．鼠标定位即时显隐导航栏的创建．河北科技师范学院学报（自然科学版），2006年第2期，第50~52页
5. 飞思科技产品研发中心．网页编程组合教程．北京：电子工业出版社，2001年1月第一版
6. 史文崇．远程教育网站教学设计研究初阶．中国成人教育，2009年1月，第43页
7. ［美］Ben Shneiderman．张国印，李健利等译．用户界面设计——有效的人机交互策略．北京：电子工业出版社，2004年3月
8. 高永子［韩］，卢坚，潘星亮．网页经典配色与设计手册．北京：中国青年出版社，2006年11月